◆幼儿园教师必备丛书·第三辑

教师与幼儿
要玩的90个游戏

张洪梅◎编著

上海科学普及出版社

图书在版编目（CIP）数据

教师与幼儿要玩的90个游戏 / 张洪梅编著. -- 上海：上海科学普及出版社，2018.9（2023.12重印）
（幼儿园教师必备丛书. 第三辑）
ISBN 978-7-5427-6886-5

Ⅰ. ①教… Ⅱ. ①张… Ⅲ. ①游戏课－学前教育－教学参考资料 Ⅳ. ①G613.7

中国版本图书馆CIP数据核字(2017)第094097号

责任编辑　李　蕾

幼儿园教师必备丛书·第三辑

教师与幼儿要玩的90个游戏

张洪梅　编著

上海科学普及出版社出版发行
（上海中山北路832号　邮政编码200070）
http://www.pspsh.com

各地新华书店经销　山东博雅彩印有限公司印刷
开本787 × 1092　1/16　印张100　字数800 000
2018年9月第1版　2023年12月第3次印刷

ISBN 978-7-5427-6886-5　定价：298.00元（全10册）

前言

随着知识的不断更新和教育现代化的逐步深入，幼儿游戏已被纳入有目的、有计划的教育活动。

好动是幼儿的天性，而游戏是幼儿按照自己的意愿，扮演他人的角色，模仿他人的活动和语言，利用真实或替代的材料，以及他们积累的生活经验进行的一种创造性活动，易于被幼儿接受。在游戏时，幼儿可以自由变换动作、姿势，不仅可使肌肉和骨骼得到充分的锻炼，还可以借助游戏了解周围事物、自然地表达思想感情、按自己的意愿发挥想象力，从而使幼儿感到舒适而愉快。

《幼儿园教育指导纲要（试行）》指出："幼儿园教育应尊重幼儿的人格和权利，尊重幼儿身心发展的规律和学习特点，以游戏为基本活动。游戏中有动作，有情节，有玩具和游戏材料，符合幼儿认知的特点，能唤起幼儿的兴趣和注意力，激发幼儿积极的感知、观察、注意、记忆、思维、想象等，在轻松愉快的氛围中促进幼儿的发展。"由此可见，游戏之所以这么受到重视，不仅是因为它好玩、有趣，而且能寓教于乐，帮助幼儿扩大知识领域，陶冶性格，促进体、智、德、美全方面的发展。

在幼儿园教育工作中，教师要充分发挥游戏的教育功能，将幼儿的积极性、主动性、创造性和教师的正确引导结合起来，使游戏生动活泼，向着正确的方向发展，既不放任自流，又不包办代替，真正促进幼儿身心的全面发展，使幼儿拥有一个健康快乐的童年生活。

目 录

第一章 社会实践

第二章 生活认知

目录

目录

目录

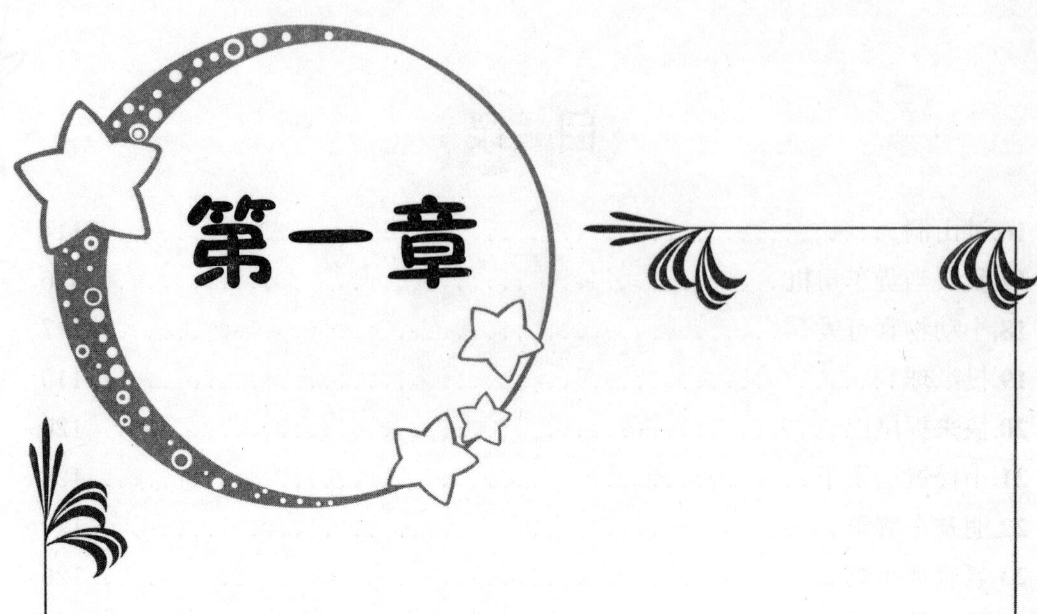

第一章

社会实践

1.好玩的影子游戏

●活动目标

1. 让幼儿了解在光的照射下，物体都有影子。

2. 萌发探索科学的兴趣。

3. 发展幼儿的观察能力。

●活动准备

1. 选择晴朗的一天。

2. 剪刀、报纸若干张。

●活动过程

1. 开始部分：通过游戏，激发幼儿的兴趣

（1）在音乐的伴奏下，带领幼儿进入活动场地，做热身运动。

（2）引导幼儿观察各自的影子，激发幼儿探索影子的兴趣。

（3）引导幼儿谈论阳光下都有哪些影子？

教师提醒：小朋友的影子、小树的影子等。

2. 基本部分

（1）观察影子。

①教师引导幼儿不断变化自己的位置，观察影子的变化。

②引导幼儿观察：影子一会儿在前，一会儿在后，一会儿又

在旁边。

③引导幼儿讨论：为什么会有影子？

教师总结：太阳照射在我们的身体上，身体挡住了太阳光，就产生了影子。

（2）做手工，找影子。

①教师示范：在报纸上剪出花瓣的图案，用剪刀剪下来，然后将报纸展开，请幼儿观察镂空的影子。

②引导幼儿观察镂空的影子就是花瓣的样子。

③教师将三名幼儿分成一组，每组一张报纸，用剪刀剪出花瓣、树叶等图案。

教师提醒：先用铅笔画出花瓣、树叶等图案，然后用剪刀剪下来。

④请幼儿比一比，看看哪一组做得又快又好看。

3. 结束活动

让获胜的一组幼儿分享自己的经验，鼓励每一个孩子都发言。

●活动延伸

1. 引导幼儿回家和父母一起做踩影子等游戏。

2. 激发幼儿充分发挥想象力，用报纸剪出各种不同的图案，观察它们的影子有什么不同之处。

2.有趣的连线

●活动目标

1. 知道两点之间可以连线，画出不同的图案。

2. 培养幼儿的创造力。

3. 初步体验游戏的乐趣。

●活动准备

1. 学习连线的视频。

2. 棉签、颜料。

●活动过程

1. 开始部分

（1）播放视频，激起幼儿动手的兴趣。

（2）引导幼儿思考：两点之间可以连成什么线？

教师总结：长线、短线、圆形等不同图案。

2. 基本部分

（1）教师示范如何连线。

①用棉签蘸颜料，画出一个蓝点和黄点，然后将它们连在一起，画出长度不同的长线和短线。

②用棉签蘸颜料，画出一个个红色的圆点，并将它们依次连

接起来，呈现出一个圆圆的红花环。

③用棉签蘸颜料，画出一个个绿色的圆点，一个圆点同时连接几个圆点，呈现出一个绿色小草。

（2）请幼儿尝试连线，画出不同的图案。

①启发幼儿发挥想象力，用棉签蘸颜料画出不同的圆点，自由连线。

②鼓励幼儿自由创作，亲身体验用棉签蘸颜料画出圆点、连线的乐趣。

③鼓励幼儿大胆创作，教师巡回观察，必要时给予指导。

3. 结束活动

请幼儿向大家介绍自己的创作经验，鼓励每一个孩子都发言。

●活动延伸

1. 将幼儿的作品放到展览区，供幼儿和父母欣赏。

2. 鼓励幼儿创作出各种不同的小动物图案。

3.我会做糖葫芦

●活动目标

1. 探索糖葫芦的制作方法。

2. 激发幼儿探索周围事物的兴趣和欲望。

3. 在游戏中体验成功的快乐。

●活动准备

1. 橡皮泥若干。

2. 实物糖葫芦 1 串。

●活动过程

1. 出示糖葫芦，引出课题。

（1）教师：小朋友们，你们知道它的名字吗？

（2）启发幼儿用自己的话描述糖葫芦的模样。

2. 教师带领幼儿一起制作糖葫芦。

（1）用橡皮泥团圆球。

教师一边团，一边讲解制作糖葫芦的方法：

①先把橡皮泥搓成一个长条。

在团圆球的过程中，教师提醒幼儿要来回多团几下。

②用手摘下一段泥，然后多搓几下，搓成光滑的圆球。

③用同样的方法，多团几个球。

教师提醒：圆球的大小要差不多。

④用一根小棒将团好的圆球有序地穿起来，一串糖葫芦就做好了。

（2）将幼儿分成几组，幼儿相互合作，共同制作糖葫芦。

3. 结束活动

将幼儿制作好的糖葫芦放在展览区，供幼儿和家长欣赏。

●活动延伸

1. 请幼儿向父母分享制作糖葫芦的经验。

2. 启发幼儿开动脑筋，创作出花样糖葫芦。

4.我会做新年礼物

●活动目标

1. 感受中国传统文化和喜庆氛围。

2. 初步尝试搭配颜色。

3. 幼儿自备彩笔 1 盒。

●活动准备

1. 过年的视频、关于“年”的故事。

2. 幼儿自备彩笔 1 盒。

3. 新年礼物（衣服、手套、袜子、帽子）的彩色图片若干张。

●活动过程

1. 播放视频，引入话题

（1）引导幼儿讨论：视频中，小朋友们在过什么节日？

教师总结：春节，又叫过年，你们知道过年的来历吗？

（2）讲关于年的故事，激发幼儿的兴趣。

2. 基本部分

（1）教师引导幼儿讨论：过年时会收到什么礼物？

教师总结：压岁钱、衣服、帽子、鞋子、手套、袜子、玩具等。

（2）制作新年礼物。

①出示衣服、帽子、鞋子、手套和袜子等图片，让幼儿自行选择自己喜欢的图片。

②引导幼儿充分发挥想象力，在图片上画出自己喜欢的颜色。

③请幼儿谈一谈，自己是怎么搭配颜色的，鼓励每个孩子都发言。

3. 结束活动

请幼儿展示自己的作品，分享制作礼物的经验。

●活动延伸

1. 引导幼儿和父母一起翻看以前的照片，共同回忆美好的往事。

2. 鼓励幼儿给父母制作一份新年礼物。

5.干净的小脸

●活动目标

1. 了解洗脸的重要性，养成每天洗脸的好习惯。

2. 学会用正确的方法洗脸。

3. 培养幼儿独立的性格。

●活动准备

准备肥皂、毛巾、洗脸盆，图片 2 张（干净的小脸和脏兮兮

的小脸)。

●活动过程

1. 引出活动主题

(1) 教师出示图片，让幼儿指出哪张图片更好看。

(2) 和幼儿一起讨论：你每天洗脸吗？你是自己洗的？还是爸爸妈妈帮你洗的？

2. 学习洗脸的方法

(1) 引导幼儿说一说平时自己都是怎么样洗脸的。

(2) 教师示范正确的洗脸过程。

卷袖，小手冲水，打肥皂，先把小手洗干净，然后取一条毛巾，打开，放在一只手掌中，先在脸上从上到下擦洗，再把嘴巴擦干净。

(3) 教师出示正确洗手图片，讲解示范洗手过程。

①请个别幼儿演示洗脸。

②幼儿分组练习洗脸，两个小朋友一个盆，各自拿着自己的毛巾，一起洗脸，看谁洗得既快又干净。

③鼓励幼儿每天用正确的方法洗脸，并认真地洗脸。

3. 结束活动

教师带领幼儿一边唱歌，一边洗脸。

●活动延伸

1. 在生活中，坚持每天认真地洗脸。

2. 在平时要养成讲卫生的习惯。

3. 在家中，坚持自己的事情自己做。

6.纸盒真好玩

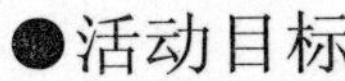

●活动目标

1. 探究纸盒的多种玩法，激发幼儿动手的兴趣。

2. 锻炼幼儿的观察能力。

3. 体验自己探索的快乐。

●活动准备

1. 大小纸盒若干个。

2. 剪刀、胶带若干。

●活动过程

1. 出示纸盒，引出活动主题

（1）教师拿出一大一小的纸盒，请幼儿说一说，这是什么？它有什么用途？

（2）请幼儿比一比纸盒的大小。

2. 基本部分

（1）初步尝试纸盒的玩法。

①将纸盒按照从小到大的顺序排列。

②将纸盒叠罗汉，看谁叠得既高又稳。

③将纸盒排成一列小火车，看谁的火车最长。

（2）鼓励幼儿自由探索纸盒的多种玩法。

①引导幼儿可以将纸盒做成“大鞋”，穿上“大鞋”做游戏。

②引导幼儿可以将纸盒当“货车”，运送物品。

③引导幼儿可以将纸盒装饰成“垃圾桶”，盛放纸屑等垃圾。

3. 结束活动

请幼儿展示自己的作品，介绍玩纸盒的经验和乐趣，鼓励每个孩子都发言。

●活动延伸

1. 引导幼儿之间互相交流纸盒的多种玩法。

2. 在家中，和父母一起玩纸盒的游戏。

7.帮小动物找宝宝

●活动目标

1. 初步认识鸡蛋、鸭蛋、鹅蛋、鹌鹑蛋。

2. 知道不同的蛋有大小、轻重之分。

3. 初步了解蛋的结构。

●活动准备

1. 实物：鸡蛋、鸭蛋、鹅蛋、鹌鹑蛋（熟蛋）若干个，生鸡

蛋 1 个，小碗 1 个。

2. 母鸡，鸭子、鹅和鹌鹑的图片。

3. 神秘的口袋 1 个。

●活动过程

1. 出示图片，引出课题

（1）教师：你们认识图片上的小动物吗？

教师总结：图片上有母鸡，鸭子、鹅和鹌鹑。

（2）引导幼儿说一说这些小动物的蛋宝宝叫什么名字？

教师总结：母鸡的蛋宝宝是鸡蛋、鸭子的蛋宝宝是鸭蛋、鹅的蛋宝宝是鹅蛋、鹌鹑的蛋宝宝是鹌鹑蛋。

2. 基本部分

（1）认识不同的蛋宝宝。

①请几名幼儿闭上眼睛，从神秘的口袋里拿出一个蛋宝宝，并猜一猜它的名字。

②提醒其他幼儿不要说话，最后揭开谜底。

③请幼儿将小动物和蛋宝宝一一对应起来。

（2）了解蛋宝宝的特征。

①按照大小，请幼儿给蛋宝宝排排队。

②按照重量，请幼儿给蛋宝宝排排队。

（2）帮蛋宝宝找妈妈。

①启发幼儿说一说，蛋宝宝是由什么组成的？

教师将一个生鸡蛋打在小碗里，指出蛋的结构——蛋壳、蛋清、蛋黄。

②引导幼儿讨论其他动物的蛋宝宝，鼓励每个孩子都发言。

3. 结束活动

教师和幼儿一起整理活动场所，将蛋宝宝和妈妈放在一起。

●活动延伸

1. 启发幼儿充分发挥想象力和创造力，在蛋宝宝上绘画。

2. 引导幼儿在拿生蛋的时候要小心，不要用力捏，不要把蛋掉在地上，保护好蛋宝宝。

8.神奇的拓印

●活动目标

1. 让幼儿探索通过不同的团纸方法做出不同的纸球。

2. 知道不同的纸球能拓印出不同的图案。

3. 锻炼幼儿的创造力。

●活动准备

1. 旧报纸、背景图、颜料和颜料盒若干。

2. 搜索一段关于“拓印”的游戏视频。

●活动过程

1. 开始部分

（1）请幼儿欣赏视频，激发幼儿参与游戏的兴趣。

（2）引导幼儿说说自己对“拓印”的理解。

2. 基本部分

（1）引导幼儿玩“拓印”游戏。

①教师：春天姐姐想要举办一个美丽的画展，可她的花儿太少了，我们可以帮帮她吗？。

②教师示范如何团纸，并用报纸拓印各种颜色的花儿。

③和一起幼儿讨论，我们能想出多少种团纸的方法呢？

（2）引导幼儿用报纸拓印花朵。

①让幼儿自由结合，5 人一组。

教师适时给予指导，提醒幼儿一个纸团只能蘸一种颜色、分散的花朵才会更好看。

②请各组的幼儿派出一名代表，讲讲各组的团纸及拓印的方法。

③请各组展示自己的作品。

3. 结束活动

1. 组织幼儿收拾工具，做好清洁工作。

2. 带幼儿洗手、喝水。

●活动延伸

1. 将幼儿的作品展示给爸爸妈妈看。

2. 在家里，和爸爸妈妈一起做拓印游戏。

9.纸棒真好玩

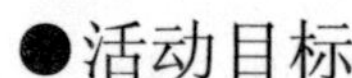

●活动目标

1. 初步了解自制纸棒的方法及棒棒的不同玩法。

2. 培养幼儿乐于助人的优秀品德。

3. 激发幼儿的创造力，体验游戏带来的快乐。

●活动准备

1. 让幼儿自带广告纸若干、小圆棒一个。

2. 固体胶、双面胶、剪刀、铅笔等。

3. 搜索一段关于“纸棒”的游戏视频。

●活动过程

1. 播放视频，激发幼儿的兴趣

（1）第一次播放视频，引导幼儿讨论：视频中，小朋友们是怎么制作纸棒的？

（2）再次播放视频，视频中，小朋友们用纸棒玩了什么游戏？

（3）教师：小朋友们，你们也想用纸棒玩游戏吗？让我们一起动手吧。

2. 基本部分

（1）教师示范自制纸棒的几种方法。

（2）幼儿自制纸棒，教师给予指导。

在自制纸棒的过程中，幼儿会遇到各种各样的问题，如纸棒卷得扁扁的、纸棒卷得一头大一头小、不会粘纸棒等。这时候，教师请卷好纸棒的幼儿给予他帮助，必要时，教师要亲自给予指导。

（3）玩纸棒游戏。

① 5 个幼儿一组，每组想出两个玩纸棒的游戏，并表演给大家看。

②教师总结：纸棒可以给老师当教具、给爷爷奶奶敲背，还可以钻山洞、跳跃、建房子等等。

3. 结束活动

请幼儿将桌面、地面整理干净，然后有顺序地去洗手。

●活动延伸

1. 将幼儿做好的纸棒放在室外活动场所，方便幼儿再次游戏。

2. 鼓励幼儿在家中和爸爸妈妈一起玩纸棒游戏。

10.我会做扇子

●活动目标

1. 发挥幼儿的想象力和创造力。

2. 锻炼幼儿的动手能力。

3. 让幼儿在游戏中获得成功感。

●活动准备

1. 报纸、广告纸、塑料袋、纸盒若干。

2. 固体胶、胶带、剪刀、不同颜色的颜料。

3. 做好的扇子模型。

●活动过程

1. 开始部分

出示做好的扇子，激发幼儿的兴趣。

2. 基本部分

（1）示范制作扇子的方法。

教师用一张广告纸折成一个小扇子，在上面画上自己喜欢的图案，也可以在上面涂上五颜六色的颜料。

（2）让幼儿自己动手制作自己喜欢的小扇子。

①鼓励幼儿大胆创造。

②让幼儿在游戏过程中相互协助。

③教师提醒幼儿蘸颜料的时间不能太长，必要时给予指导。

3. 结束活动

教师将幼儿的作品摆放在桌子上，鼓励幼儿向大家介绍自己的作品。

●活动延伸

1. 将漂亮的扇子展示给爸爸妈妈，并说一说自己是如何制作出来的。

2. 请幼儿尝试用废旧材料制作服装。

11.纸房子

●活动目标

1. 尝试用各种各样的废旧纸张进行拼贴房子。

2. 充分发挥幼儿想象，大胆尝试创作出与众不同的作品。

3. 锻炼幼儿的动手能力及团队协作精神。

●活动准备

1. 准备一段用废旧纸张玩游戏的视频。

2. 与幼儿共同收集各种报纸、广告纸等。

3. 固体胶、双面胶、胶带、订书器、剪刀等。

4. 制作好的纸房子模型。

●活动过程

1. 播放视频

（1）视频结束后，教师：你们喜欢这些游戏吗？

（2）引导幼儿讨论制作纸房子的方法。

2. 教师出示制作好的纸房子模型，引起幼儿动手的兴趣

（1）请幼儿欣赏漂亮的纸房子。

①和幼儿一起讨论纸房子是怎么制作的。

②引导幼儿大胆想象房子的造型。

（2）将幼儿分成几组，分别制作自己想象中的纸房子。

①引导幼儿把报纸或广告纸卷成纸棒。

②幼儿合作将纸棒拼接、粘贴房子。

（3）展示各组的纸房子。

①教师巡回指导，发现问题后组织幼儿及时分享经验。

②引导幼儿大胆尝试创作出与众不同的作品。

③鼓励幼儿展示自己的作品，并向大家介绍作品。

3. 结束活动

围着自制的纸房子唱歌、跳舞，再次体验游戏的快乐。

●活动延伸

1. 自制好房子后，鼓励幼儿进行跳房子游戏。和父母一起用叶子做一幅美丽的画。

2. 鼓励幼儿大胆创作，尝试制作出不同造型的房子。

12.有趣的保龄球

●活动目标

1. 让幼儿了解保龄球的玩法。

2. 满足幼儿玩保龄球的需要和兴趣。

3. 通过游戏，让幼儿体验合作的乐趣。

●活动准备

1. 易拉罐 1 个，胶带 1 卷，矿泉水瓶、小石子若干。

2. 保龄球游戏视频。

●活动过程

1. 开始部分

（1）教师播放保龄球游戏视频，吸引幼儿的兴趣。

（2）教师引导幼儿讨论：玩保龄球游戏需要多少个瓶子？我们没有保龄球，可以用矿泉水瓶代替吗？

2. 基本部分

（1）让幼儿按照视频中的方法摆放矿泉水瓶。

（2）教师在离摆放矿泉水瓶子 1 米处画 1 个圆圈。

（3）介绍游戏规则：

本次游戏分 3 轮进行，每个小朋友都有 3 次机会，轮到的小朋友只能站在圆圈中玩游戏，滚动易拉罐时，要把易拉罐平放在地面上，平行地滚动易拉罐，击中后计数。

①教师：第一轮游戏结束后，老师引导幼儿自由讨论：为什么击中的瓶子这么少？怎么给易拉罐增加重量呢？

②提醒幼儿将小石子放进易拉罐中，增加它的重量，并用胶带把口封住。

③幼儿进行第二、第三轮的游戏。

3. 结束活动

教师带领幼儿随着音乐做放松运动。

●活动延伸

1. 怎么做才能让保龄球站得更稳？

2. 在家与爸爸妈妈一起玩保龄球游戏。

13.好玩的纸条

●活动目标

1. 探索纸条被吹起来的方法。

2. 激发幼儿的创造力。

3. 体验成功的喜悦。

●活动准备

1. 报纸、广告纸若干张。

2. 扇子、剪刀、固体胶、绳子等。

●活动过程

1. 游戏导入，引出活动主题

（1）教师和幼儿一起将报纸、广告纸随意撕成几个纸条。

（2）教师用扇子将纸条吹起，让幼儿到处捡飞起来的纸条。

2. 引导幼儿制作纸条

（1）让幼儿观察教师制作纸条的方法。

教师提醒幼儿，可以将较短的纸条用固体胶粘在一起。

（2）幼儿选择自己喜欢的报纸或广告纸撕纸条。

教师指导幼儿沿着报纸的横纹撕，提醒幼儿双手配合。

（3）让幼儿尝试吹纸条。

（4）和幼儿一起谈论：什么样的纸条飞得更高？鼓励每个孩子都发言。

3. 好玩的纸条

（1）请两个幼儿拉起一根绳子，其他幼儿将纸条放到绳子上。大家一起用嘴吹，看看谁的纸条飞得更高。

（2）请幼儿轮流拉绳子，探索用不同的方法让纸条飞起来。

（3）总结让纸条飞起来的方法：借助书本、扇子、手、嘴、电扇等工具。

4. 结束活动

整理工具，打扫活动场地。

●活动延伸

1. 尝试在户外吹纸条，感受其中的乐趣。

2. 在家里和爸爸妈妈一起玩纸条游戏。

3. 将报纸或广告纸揉成一团，在户外当球踢。

14. 我会叠裤子

●活动目标

1. 初步掌握叠裤子的方法。

2. 养成幼儿自己动手，自理生活的好习惯。

●活动准备

1. 请幼儿自备裤子 1 条。

2. 凌乱的裤子衣柜、整齐的裤子衣柜图片各 1 张。

●活动过程

1. 出示图片，引出话题

（1）教师：小朋友们，你喜欢哪一个衣柜？为什么？

（2）引导幼儿讨论：你会自己叠裤子吗？

2. 基本活动

（1）学习叠裤子的方法。

①教师示范如何叠裤子。

将小裤子摆好，将裤腿对折，双手放在裤腿中间，将裤腿对折。

②引导幼儿观察叠裤腿的步骤和方法。

（3）幼儿尝试叠裤子的方法。

①请幼儿自己叠裤子，教师在旁指导。

②请叠得快的幼儿给大家分享自己的技巧。

③播放儿歌《叠裤子》，根据儿歌的内容，再次练习叠裤子。

3. 结束活动

请幼儿相互讨论，说说自己叠裤子的感受。

●活动延伸

1. 在家里，帮父母叠裤子，帮妈妈分担家务。

2. 鼓励幼儿养成有序摆放的好习惯。

15.一起做月饼

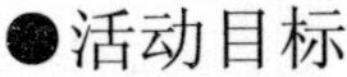

●活动目标

1. 引导幼儿用各种模型做月饼，了解月饼的图案和造型。

2. 体验和小朋友一起制作月饼的过程，感受快乐的节日氛围。

3. 了解传统节日的习俗。

●活动准备

1. 民间故事“嫦娥奔月”。

2. 收集各种月饼图片。

2. 月饼模具、不同颜色的冰皮和馅泥等材料。

●活动过程

1. 民间故事引入，激发兴趣

（1）读完故事，教师提问：中秋节是哪一天？

（2）引导幼儿回忆自己和家人一起过中秋节的情景。

教师总结：家人团圆、吃月饼、赏月等。

（3）展示各种月饼图片，请幼儿说说自己喜欢吃什么馅的月饼，激发幼儿制作月饼的兴趣。

2. 基本部分

（1）引导幼儿选择自己喜欢的模具、冰皮和馅泥。

（2）引导幼儿一手托皮，一手沿皮的边缘包上，紧紧捏好。

（3）将捏好的面团放入模具中，用力摁一下，将完整的月饼轻轻取下来，把多余的面团放在旁边。

（4）将大家做好的月饼一起放进烤箱烘烤。

3. 结束活动

1. 组织幼儿收拾工具，做好清洁工作。

2. 带幼儿洗手、喝水。

●活动延伸

1. 鼓励幼儿把月饼带回家送给爸爸妈妈品尝。

2. 请幼儿和爸爸妈妈一起搜集各地过中秋的风俗习惯。

16.我会系扣子

●活动目标

1. 初步了解系扣子的方法，了解扣子的用途。

2. 培养幼儿的动手能力。

3. 培养幼儿的好习惯。

●活动准备

1. 泰迪狗 1 个，开襟带扣子的衣服 1 套。

2. 请幼儿穿一套带扣子的衣服。

●活动过程

1. 出示泰迪狗，请两名幼儿给它穿衣服引出主题

引导幼儿观察扣子，讨论扣子扣对了吗？

2. 基本活动

（1）教师引导幼儿认识扣子和扣眼。

①教师示范动作要领：系扣子，扣子和扣眼要一一对应，然后从上往下系，一个一个系。

②在系扣子时，要特别强调扣子、扣眼要一一对应。

（2）鼓励幼儿尝试系扣子。

（3）开展“系扣子”游戏，练习系扣子的技巧。

①幼儿分组成 3 组，比赛系扣子，看谁系得又快又准。

②在游戏中，教师鼓励系得快的幼儿要帮助他人系扣子。

3. 结束活动

请幼儿分享自己系扣子的经验，体验成功的快乐。

●活动延伸

1. 鼓励幼儿回家帮父母系扣子。

2. 引导幼儿自己穿衣服、鞋子，自己的事情自己做。

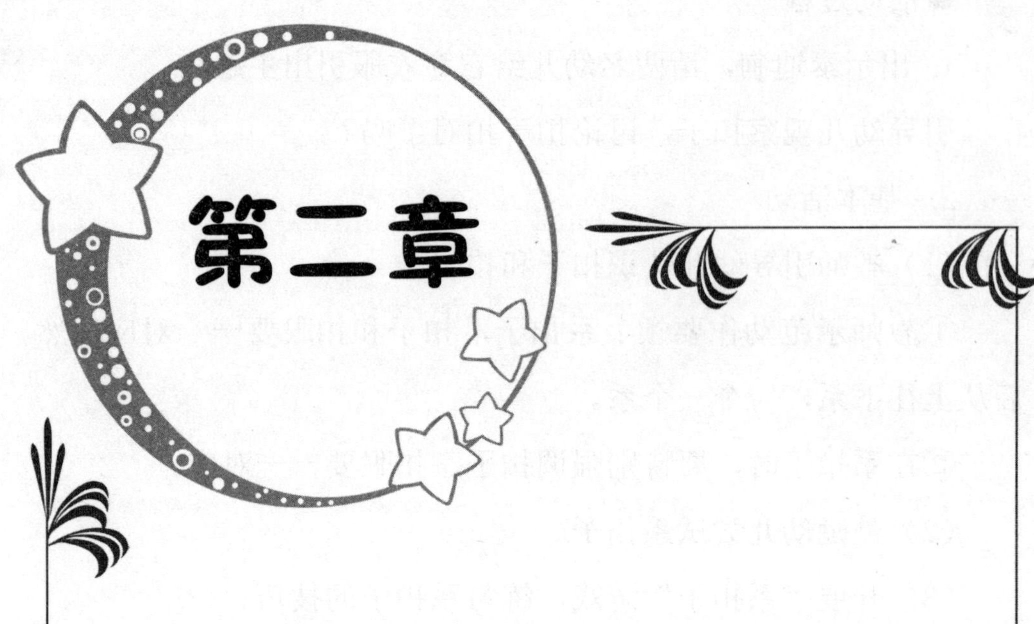

第二章

生活认知

1.公交车上

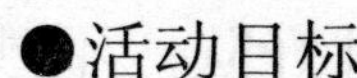

●活动目标

1. 了解乘坐公交车时依次排队、主动买票、让座等基本礼仪。

2. 理解乘车规则。

3. 感受良好的传统美德。

●活动准备

乘坐公交车视频 1 段。

●活动过程

1. 播放视频，激发兴趣

（1）教师：小朋友们，这是哪个场景的视频呢？

（2）引导幼儿指出，哪些是文明的行为？哪些是不文明的行为？

教师总结：主动买票、主动给老人让座等是文明行为，挤着上公交车、在公交车上大声喧哗等是不文明行为。

2. 情景游戏

（1）分配角色。

①邀请一名幼儿当司机。

②请其他幼儿自由选择自己要扮演的角色，如拄着拐杖的老

人、抱着小孩的阿姨、孕妇等。

（2）情景表演：乘坐公交车。

①公交车来了，请幼儿排队乘车，主动投币。

②主动给老人、抱小孩的乘客、孕妇让座。

③在车厢内，做到不大声喧哗，不打闹，遵守公共秩序。

3. 结束活动

教师和幼儿一起唱儿歌：乘公交、先买票。排好队，不吵闹。

●活动延伸

1. 鼓励幼儿回家向父母分享乘坐公交车的礼仪。

2. 在生活中，引导幼儿喝水、如厕、洗手、玩滑梯、做游戏时，要学会排队等待。

2.水果的种子

●活动目标

1. 锻炼幼儿的观察能力。

2. 让幼儿知道水果等都有自己的种子。

3. 提升幼儿的语言表达能力。

●活动准备

1. 挂满各种水果的神奇树图片若干张。

2. 各种种子贴纸若干张。

3. 幼儿自备水果 1 个。

4. 苹果、草莓各 1 个。

●活动过程

1. 导入活动，引出课题

（1）引导幼儿介绍自己带来的水果。

鼓励幼儿大胆开口说话。

（2）教师引导幼儿讨论：这些水果是怎么长出来的？

教师总结：水果都是由一颗颗小小的种子长出来的。

2. 基本部分

与幼儿交流、探索和发现。

（1）播放视频，使幼儿了解水果的种子藏在哪里。

①出示苹果并切开，请幼儿仔细观察，苹果的种子在哪里？

②出示草莓并掰开，请幼儿仔细观察，草莓的种子在哪里？

（2）进行“找朋友”游戏，帮助幼儿认识更多水果种子。

①将幼儿分成 4 组，每一组发一张挂满水果的神奇树，请幼儿将种子的图片贴到相应的水果下面，比一比，哪一组贴得又快又好。

3. 结束活动

幼儿之间相互交换水果，培养幼儿乐于分享的精神。

●活动延伸

1. 请幼儿回家将种子种在花盆里，观察种子发芽的情况。

2. 请幼儿说出自己喜欢的水果，并将它们的种子画下来。

3.小鸭子找妈妈

●活动目标

1. 锻炼幼儿的身体灵活性和协调性。

2. 验游戏带来的快乐。

●活动准备

1. 小鸭子、鸭子妈妈、青蛙妈妈、鱼儿妈妈等动物头饰若干。

2. 创设小河的环境。

●活动过程

1. 创设情景，激发兴趣

（1）教师给幼儿分配角色，戴好头饰，引起幼儿的兴趣。

（2）引导幼儿讨论：你们知道妈妈是谁吗？

2. 基本部分

（1）讲解玩法。

将幼儿分成3组，从活动场地的不同地方出发，开始寻找妈妈。

（2）小鸭子找妈妈。

①让小动物们先隐藏好，引导幼儿从不同地方出发寻找妈妈。

②小青蛙从水里蹦出来，告诉小鸭子们："妈妈在这儿。"

小鸭子们仔细看了看，摇头回答道："不，你不是我们的妈妈。"

③鱼儿妈妈从水里跳出来，告诉小鸭子们："妈妈在这儿。"

小鸭子们仔细看了看，摇头回答道："不，你不是我们的妈妈。"

④鸭子妈妈从水里游出来，告诉小鸭子们："妈妈在这儿。"

小鸭子们仔细看了看，点头回答道："妈妈，你才是我们的妈妈。"

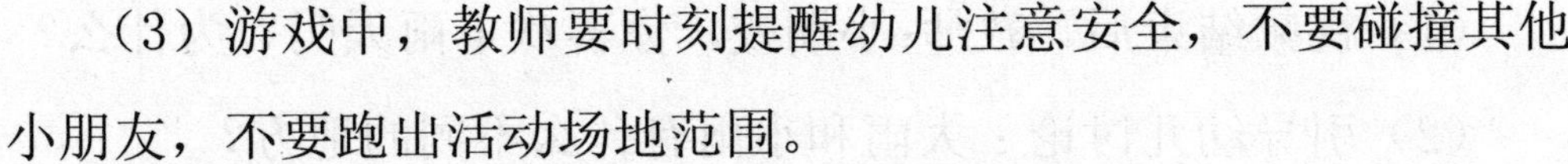

（3）游戏中，教师要时刻提醒幼儿注意安全，不要碰撞其他小朋友，不要跑出活动场地范围。

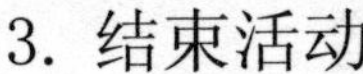

3. 结束活动

教师和幼儿抱一抱，带着幼儿进教室，让幼儿感受找到妈妈的快乐。

●活动延伸

1. 幼儿还可以玩"小蝌蚪找妈妈"的游戏。

2. 在家中，和爸爸妈妈一起玩此类游戏，可以互换角色，锻炼幼儿四肢的肌肉发展。

4.大雨和小雨

●活动目标

1. 感受雨声的美妙。

2. 能分辨大雨和小雨的不同。

3. 引导幼儿练习表达自己的感受。

●活动准备

1. 下雨的视频。

2. 大雨录音和小雨录音各1段。

●活动过程

1. 播放视频，引发兴趣

（1）视频结束后，教师：小朋友，你喜欢下雨天吗？为什么？

（2）引导幼儿讨论：大雨和小雨有什么不同的地方？

教师总结：声音不同，落在水里的形状不同等。

2. 基本部分

（1）播放大雨的录音，引导幼儿讨论：大雨的声音是什么样的？

教师总结：大雨的声音是“哗啦啦……”

（2）播放小雨的录音，引导幼儿讨论：小雨的声音是什么样的？

教师总结：小雨的声音是“淅沥沥……”

3. 让幼儿感受声音的不同

（1）再次播放大雨的录音，引导幼儿用心感受“哗啦啦……”的声音。

（2）再次播放小雨的录音，引导幼儿用心感受“淅沥沥……”的声音。

4. 结束活动

和幼儿一起唱儿歌《大雨和小雨》。

●活动延伸

1. 下雨的时候，引导幼儿观察雨水落在水里的形状。

2. 鼓励幼儿画出大雨和小雨的形状。

3. 向父母描述大雨和小雨的声音是什么样的。

5. 认识长方形

●活动目标

1. 搜索身边的“长方形”，体验发现的乐趣。

2. 锻炼幼儿的观察能力。

3. 在游戏中感受快乐的氛围。

●活动准备

1. 长方形布偶 1 个。

2. 广告纸若干张。

●活动过程

1. 游戏导入，引出主题

（1）教师出示长方形布偶，模仿布偶的声音：“大家好，我是长方形，我有四条边，对边一样长。”

（2）引导幼儿仔细观察长方形，它的对边真的一样长吗？

2. 通过量一量、折一折，认识长方形的特征。

①给每一个幼儿发一张长方形的广告纸。

②让幼儿通过用和它的边等长的纸条进行量一量，从而感知长方形有四条边，对边一样长。

3. 探索身边的“长方形”。

①请幼儿思考一下，生活中有哪些物品是长方形。

教师总结：书本、桌子、门、黑板等物品。

②请幼儿画出自己所熟知的长方形物品。

4. 结束活动

请幼儿展示自己的作品，和大家一起分享自己的成果。

●活动延伸

1. 启发幼儿认识身边的“圆”“正方形”等图形。

2. 在家中，和爸爸妈妈一起找出长方形物品。

6.猜动作

●活动目标

1. 通过游戏，让幼儿认识不同动物的主要特征。

2. 锻炼幼儿的合作意识。

3. 培养幼儿的规则意识。

●活动准备

1. 各种动物的卡片若干张。

2. 教师自制荣誉证书 2 张。

●活动过程

1. 教师引导幼儿示范表演，激发幼儿的兴趣

（1）教师任意拿出五张动物的卡片，指导两个幼儿为大家示范游戏规则。

（2）先请幼儿 A 和幼儿 B 面对面站着，教师站在幼儿 A 的后面，出示动物的卡片，幼儿 A 不能偷看，请幼儿 B 用生动形象的动作表演，让幼儿 A 猜猜是什么动物。

（2）教师让两个幼儿互换角色，再出示其他动物的卡片。

2. 开始游戏

（1）一般难度游戏。

①将幼儿进行两两分组，并给他们排上编号。

游戏规则：每组都有 5 次机会。

②教师随意从卡片中抽出 5 张卡片，每组幼儿依次按编号进行游戏，一个人做动作，另一个人猜动物的名称。

③教师记录每组猜对卡片的数量，数量排名的前三组再进行下一轮游戏。

（2）游戏难度升级。

①在规定的时间内，三组幼儿进行决赛。

②教师记录每组猜对卡片的数量，数量最多的获胜。

（3）教师给获胜者颁发荣誉证书。

3. 结束活动

幼儿整理动物卡片。

●活动延伸

1. 引导幼儿了解动物的一些特征。

2. 鼓励幼儿在家中和爸爸妈妈一起玩“猜动作”游戏。

7. 我的小脚丫

●活动目标

1. 喜欢自己的小脚丫，知道它的作用。

2. 引导幼儿学习怎样保护小脚丫。

●活动准备

1. 保护小脚丫的图片。

2. 关于脚的视频。

●活动过程

1. 播放视频

（1）引导幼儿通过视频，了解自己的小脚丫。

（2）引导幼儿讨论：我的小脚丫可以……

教师总结：可以散步、跑步、跳舞、爬山等等。

2. 探索小脚丫的神奇，喜爱自己的小脚丫。

（1）了解脚的特征。

①引导幼儿知道小脚上有脚趾、趾甲、脚心、脚踝等。

②体验挠一挠小脚丫的感觉，说一说自己的感受。

（2）让幼儿知道要保护自己的小脚丫。

①观看保护小脚丫的图片，了解有关脚的安全保健知识。

②不要抠脚，不用利器伤害它，勤洗脚，勤剪趾甲，勤换袜子，保持小脚丫干净、没有异味。

3. 结束活动

和幼儿一起跳舞。

●活动延伸

1. 鼓励幼儿多做运动，锻炼小脚丫的灵活性。

2. 回家和爸爸妈妈一起做橡皮泥脚印。

8.帮助别人真快乐

●活动目标

1. 培养幼儿乐于助人的精神。

2. 分享帮助别人的快乐。

3. 培养幼儿的爱心。

●活动准备

1. 笑脸贴纸若干。

2. 小兔子、小猪、小鹿的头饰若干。

●活动过程

1. 情景表演，引起幼儿的兴趣

（1）教师不小心将书掉到地上，请幼儿帮忙捡起来。

（2）教师引导幼儿说出自己帮助别人的事情，然后把笑脸贴纸贴在幼儿衣服上，奖励幼儿。

2. 基本部分

（1）设置情景，吸引幼儿的注意力。

①教师：小兔子的腿受伤了，小猪和小鹿该怎么帮助它呢？

②请 3 个幼儿根据设置的情景，示范如何帮助别人。

③小猪为小兔子包扎伤口，小鹿在一旁安慰。

（2）引导幼儿讨论：小猪和小鹿的做法对吗？

（3）鼓励幼儿开动脑筋，还可以用什么办法帮助小兔子呢？

①自由分组，请幼儿根据自己的想法，自由选择角色，进行情景表演。

②引导幼儿用“我来帮你吧”“谢谢”“不客气”等礼貌用语。

③组织幼儿讨论帮助别人的感受。

3. 结束活动

教师拥抱幼儿，并和幼儿一起唱《幸福拍手歌》。

●活动延伸

1. 鼓励幼儿在生活中乐于助人。

2. 回家帮爸爸妈妈做家务。

9. 不同的帽子

●活动目标

1. 知道不同的瓶口对应不同的瓶盖。

2. 提高幼儿的专注力。

3. 让幼儿体验成功的喜悦。

●活动准备

1. 让幼儿自带各种废旧的瓶子和配套的瓶盖。

2. 收纳箱1个。

3. 笑脸粘贴。

●活动过程

1. 创设情境，吸引幼儿的好奇心

教师分别拿出几种不同类型的瓶子，引导幼儿讨论，它们的瓶盖有什么不同。

2. 基本部分

（1）将各种瓶盖混装在收纳箱里，请幼儿从中找出和瓶子配套的瓶盖，当做瓶子的“帽子”。引导幼儿大胆尝试，提醒幼儿可以用多种方法盖上瓶盖，如按、拧等。

①按照大小，引导幼儿给瓶子戴“帽子”。

②按照颜色，引导幼儿给瓶子戴“帽子”。

（2）将幼儿5人一组，看哪组戴“帽子”又多又快。

（3）引导幼儿讨论自己是用什么办法为瓶子找到“帽子”的？它们的“帽子”戴上合适吗？

3. 结束活动

给获胜一组的小朋友给予每人1枚笑脸粘贴的奖励。

●活动延伸

1. 引导幼儿在配套的瓶子和瓶盖上做上相同的标记，然后把瓶子和瓶盖分别放在两个收纳箱里，看谁找得又快又准。

2. 和父母一起观察，瓶子和瓶盖有什么对应关系。

10.奇妙的五官

●活动目标

1. 帮助幼儿熟悉并了解五官的作用。

2. 培养幼儿的语言表达能力。

3. 锻炼幼儿的反应能力。

●活动准备

1. 关于“五官”的图片。

2. 歌曲《五官歌》。

●活动过程

1. 出示图片，激发幼儿游戏的热情

（1）出示五官图片，请幼儿说出五官的名称（口、眼、鼻、眉、耳），引导幼儿用手指出自己的五官。

（2）老师示范造句：我用……干什么，如“我用眼睛看树叶”，“我用嘴巴吃面包”等。

（3）请幼儿模仿老师造句。

2. 基本部分

（1）教师介绍游戏规则：一个幼儿说“嘴巴”，另一个幼儿就用手指自己的嘴巴；

一个幼儿说“眼睛”，另一个幼儿就用手指自己的眼睛；

一个幼儿说“鼻子”，另一个幼儿就用手指自己的鼻子；

一个幼儿说“眉毛”，另一个幼儿就用手指自己的眉毛；

一个幼儿说“耳朵”，另一个幼儿就用手指自己的耳朵。

（2）请幼儿自由结合，2 人一组，玩用手指五官的游戏。

（3）第一轮游戏结束，两个幼儿互换角色。

3. 结束活动

教师和幼儿一起唱《五官歌》，一边做动作。

●活动延伸

1. 根据幼儿具体情况，不断地变换口令，加快速度，增加难度。

2. 鼓励幼儿尝试制作五官贴纸。

11.感受不同的声音

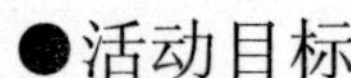

●活动目标

1. 激发幼儿对不同的声音产生浓厚的兴趣。

2. 培养幼儿听辨声音的能力。

3. 让幼儿体验和小伙伴合作的快乐。

●活动准备

1. 拨浪鼓、口风琴等乐器。

2. 塑料瓶、易拉罐若干。

3. 玉米粒、树叶、石子若干。

●活动过程

1. 初步了解不同的物体能够发出不同的声音

（1）教师摇摇拨浪鼓、吹吹口风琴，请幼儿闭上眼睛，用心感受这是什么声音。

（2）让幼儿动手摇摇、吹吹，感受不同乐器的发出不同的声音。

2. 基本部分

（1）教师出示塑料瓶、易拉罐，引导让幼儿讨论：如何让它们发出好听的声音？

①让幼儿尝试用手敲打塑料瓶、易拉罐，感受它们发出的声

音。

②尝试在塑料瓶、易拉罐分别放入1颗玉米粒，摇晃一下，听听它们发出的声音;如果多放入几颗，它们发出的声音一样吗？

（2）教师在塑料瓶、易拉罐放入不同的东西，请幼儿闭上眼睛听听，描述所听到的声音。

（3）揭开谜底，让幼儿睁开眼睛，看看里面装的是什么？

3. 结束活动

播放音乐，幼儿摇晃塑料瓶和易拉罐，大家一起动起来。

●活动延伸

1. 除了刚才演示的东西，请幼儿观察一下，还有什么物体可以发出声音？它们的声音有什么不同吗？

2. 在家中，和爸爸妈妈一起玩游戏，感受声音的不同。

12.我会整理玩具了

●活动目标

1. 让幼儿知道玩好玩具后，应该及时归位。

2. 培养幼儿整理玩具的习惯。

3. 锻炼幼儿的身体平衡能力。

●活动准备

1. 3个纸箱，分别标注“毛绒玩具”“绘本”“变形金刚”。

2. 玩具若干。

●活动过程

1. 开始部分，交代任务

（1）创设故事情景，交代游戏任务。

教师：小朋友们，小猪家的玩具太乱了，可他生病了，没有力气干活，我们帮他收拾一下吧！

（2）鼓励幼儿乐于助人的精神。

2. 基本部分

（1）将幼儿分成三组，让他们分别尝试三种方法整理玩具。

①将颜色相同的玩具放在一起。

②将形状相同的玩具放在一起。

③将种类相同的玩具放在一起。

（2）教师引导幼儿讨论：哪一种方法更好？为什么？

教师总结：

①颜色相同的放在一起，玩具有大有小，看起来仍然很乱。

②将形状相同的放在一起，玩具有长的、短的，看起来也很乱。

③将种类相同的放在一起，玩具看起来最整齐。

（3）引导三组幼儿按第三种方法整理玩具，看哪一组整理得又快又整齐。

3. 结束活动

请幼儿自由分享整理玩具时的心得和体会。

●活动延伸

1. 在家里，请父母让幼儿自己整理玩具。

2. 请小朋友和小伙伴们分享整理玩具的经验，让更多的小朋友学会整理玩具。

13.认识身体

●活动目标

1. 初步了解自己的身体。

2. 尝试用身体说话表达自己的情感和意愿。

3. 在游戏中体会身体的奇妙。

●活动准备

人体主要结构图片（头、手、胳膊、腿、脚）。

●活动过程

1. 通过做运动初步了解自己的身体

（1）播放音乐，和幼儿一起做操。

（2）请幼儿思考：在做操中，你都使用了身体的哪些部位？

2. 认识我们的身体

（1）认识身体的主要部位：头、手、胳膊、腿、脚。

①出示图片，和幼儿一起观察我们的身体。

②请幼儿根据图片，找出自己身体相应的部位。

③教师示范：这是我的手，我可以用手洗苹果。

请幼儿跟着模仿，一边指着自己的身体部位，一边说出它的

作用。

（2）我来做，你来猜。

①教师伸出大拇指，表示“你真棒！”

②教师做出摇头的动作，表示“不同意！”

③教师做出挥手的动作，表示“再见！”

（3）请几个幼儿表演动作，大家一起来猜。

3. 结束活动

播放音乐，教师和幼儿一起创造出各种身体语言。

●活动延伸

1. 用身体来模仿各种小动物。

2. 鼓励幼儿吃一些健康的食品，要懂得爱惜自己的身体。

14.好玩的沙子

●活动目标

1. 感知沙子的特征。

2. 培养幼儿的想象力、创造力。

3. 体验玩沙子的乐趣。

●活动准备

1. 细沙 1 桶。

2. 分别装有花生、玉米、沙子的瓶子。

●活动过程

1. 游戏引入，激发兴趣

（1）请幼儿闭上眼睛，教师拿出 3 个瓶子，用力摇晃几下。

（2）请幼儿猜测，哪个瓶子里装的是沙子？

（3）让幼儿轮流摸摸沙子，然后一起讨论沙子的特征。

教师总结：软软的，细小的，松散的……

2. 基本活动

（1）引导幼儿讨论沙子的用途。

教师总结：可以建造房子、修马路、做沙包等。

①教师提醒幼儿，在玩沙的时候，不要乱扔沙子，不要用嘴吹沙子，更不要打闹。

②让幼儿通过玩沙子来了解沙子的特点。

③引导幼儿用各种模型制作不同的建筑。

（2）让幼儿自由地玩沙。

3. 结束活动

和幼儿一起整理活动场地，组织带幼儿有序地洗手。

●活动延伸

1. 鼓励幼儿发挥想象力，用沙子绘画。

2. 向父母介绍在幼儿园玩沙的乐趣。

15.走迷宫

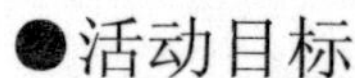

●活动目标

1. 增强幼儿对事物的注意力。

2. 锻炼幼儿的合作意识。

3. 尝试搭建迷宫，在游戏的过程中体验成功的喜悦。

●活动准备

1. 搜集一些简单有趣的迷宫图片。

2. 请一名老师打扮成神秘的魔法师。

3. 短绳、长绳若干根。

●活动过程

1. 图片引出课题

（1）教师先拿出迷宫图片，激发孩子的兴趣。

（2）引导幼儿讨论走迷宫的方法。

（3）引出课题：

①教师：小朋友们想自己建造迷宫吗？

等幼儿回答后，教师：可我们没有道具，怎么办呢？

②这时候，神秘的魔法师突然出现在大家面前，魔法师用幽默的语言和幼儿打招呼。

教师：魔法师，我们想自己建造迷宫，可我们没有工具，你能帮助我们吗？

魔法师：嗯，没问题。叽里咕噜，叽里咕噜，变！

③魔法师将事先准备好的绳子慢慢拿出来，并一一发给每个幼儿。

2. 动手建造迷宫、走迷宫

（1）将幼儿分成两组。

（2）每组幼儿自行讨论，建造一个迷宫。

（3）请幼儿在自己建造的迷宫中走一走，并邀请魔法师也在迷宫走一走。

（4）引导幼儿谈论自己走迷宫的经验。

教师总结：比如先找进口和出口；遇到岔口选路线；遇到死胡同回岔口换路线等。

（5）然后交换走对方建造的迷宫。

3. 结束活动

幼儿整理建造迷宫的绳子，并归还给魔法师。

●活动延伸

1. 除了绳子之外，还可以用什么来建造迷宫？

2. 在家中，和父母一起玩走迷宫的游戏。

16.我给物品做标记

●活动目标

1. 学会给自己的物品做标记。

2. 能够认识自己的物品。

3. 在游戏中，培养孩子的辨别能力。

●活动准备

1. 卡通贴纸若干张。

2. 同样的矿泉水瓶子若干。

3. 健康知识视频。

●活动过程

1. 情景表演，引出话题

（1）出示矿泉水瓶，分别告诉几个幼儿，这是他们的瓶子。

（2）将瓶子混在一起，请幼儿找出自己的瓶子。

（3）教师引导幼儿讨论：怎么才能快速找到自己的物品？

2. 基本部分

（1）出示卡通贴纸，请幼儿选择自己喜欢的贴纸。

（2）请幼儿互相协助，在贴纸上写上自己的名字，并贴到水杯、毛巾架等物品上。

（3）玩贴纸游戏。

3. 观看视频，了解生活常识

（1）视频结束后，引导幼儿讨论：为什么不能随便用别人的水杯、毛巾等物品？

（2）让幼儿懂得自己的生活用品不能随便借给别人使用。

4. 结束活动

教师指导幼儿清洗自己的水杯、毛巾等物品。

●活动延伸

1. 引导幼儿给父母分享如何给物品做标记。

2. 请幼儿思考：如果好朋友需要喝水，但没有水杯，你会怎么做？

17. 我不怕天黑

●活动目标

1. 让幼儿意识到黑暗并不可怕。

2. 知道黑夜是一种自然现象。

3. 通过游戏，让幼儿体会到帮助别人的快乐。

●活动准备

1. 用纸箱做的小黑屋。

2. 关于黑夜的视频。

3. 变形金刚玩具、爱心小贴纸若干。

●活动过程

1. 播放视频，激发幼儿的兴趣

（1）视频结束后，教师问：小朋友们，你们害怕黑夜吗？

（2）让幼儿讨论：你为什么害怕黑夜？

2. 基本部分

（1）情景表演：陪伴好朋友

①请一个胆子大的幼儿扮演小鹿波比，让他事先待在用大纸箱做的小黑屋里。

②教师：波比的爸爸妈妈都出差了，他一个人呆在家里，有人愿意陪他吗？

③教师：你想怎么陪伴波比呢？

教师总结：唱歌、讲故事等办法。

（2）开始游戏

①鼓励幼儿不怕黑，体验游戏的快乐。

教师：哎呀，真是不巧啊，波比家停电了，屋里很黑，但他家里有很多变形金刚玩具，你们愿意进去陪他吗？

这时候，波比在里面喊道：呜呜，我太孤单了！

②鼓励几个胆子大的幼儿进去陪伴波比，克服害怕黑暗的心理。

③几个幼儿从小黑屋出来后，教师一一抱抱他们，并奖励爱心小贴纸。

④鼓励更多的幼儿走进小黑屋。

3. 结束活动

让幼儿一起分享自己对黑暗的感受。

●活动延伸

1. 引导幼儿大胆说出对黑暗的恐惧。

2. 充分发挥想象力，画出自己对黑暗的理解。

18. 妈妈，我爱您

●活动目标

1. 让幼儿感受母爱。

2. 乐意表达对妈妈的爱。

3. 体会妈妈的辛苦。

●活动准备

1. 安东尼·布朗的绘本《我妈妈》。

2. 儿歌《妈妈宝贝》。

●活动过程

1. 开始部分

（1）教师朗读绘本《我妈妈》。

教师：你们的妈妈爱你们吗？你们的妈妈是怎样爱你们的？会为你们做什么事？

（2）让幼儿讨论：妈妈为我做了哪些事情？

2. 基本部分

（1）5名幼儿一组，分别扮演爷爷、奶奶、爸爸、妈妈和宝宝。

（2）感受妈妈的辛苦。

①表演妈妈的一天：上班、照顾宝宝、洗衣服、做饭、拖地、收拾房间等等。

②引导幼儿关心妈妈。

教师：小朋友们表演得都很好。通过表演，你们觉得妈妈辛苦吗？有没有去关心过妈妈？

③引导幼儿帮妈妈分担家务，做一些力所能及的事情。

④引导幼儿感谢妈妈的付出。

教师：妈妈为我们付出了那么多，我们应该怎么回报妈妈呢？

（3）跟随音乐，一起唱《妈妈宝贝》。

3. 结束活动

鼓励幼儿用自己的方式表达对妈妈的爱。

●活动延伸

1. 自己的事情自己做，帮妈妈做一些家务。

2. 发挥自己的想象力，送给妈妈一份礼物，如自制的贺卡、一个亲吻、一个拥抱等等。

19. 欢迎来我家做客

●活动目标

1. 了解简单的做客、待客礼仪，感受朋友之间的友爱。

2. 学会使用礼貌用语。

3. 体验与朋友分享快乐。

●活动准备

1. 小猪、小狮子、小兔子、小松鼠等动物头饰若干。

2. 坚果模型若干。

●活动过程

1. 情景导入，激发幼儿的兴趣

（1）教师引导幼儿回忆去别人家做客的经历。

（2）请幼儿讨论：去做客时，你会给主人带什么礼物？说什么问候语？

2. 基本部分

（1）开始游戏。

①教师给幼儿分配角色，小猪、小狮子、小兔子等动物是客人，小袋鼠是主人。

②给幼儿戴上小动物头饰。

③引导幼儿如何去做客，主人如何接待客人。

（2）开始游戏

①教师提醒幼儿：客人在进入主人家之前，要先敲门、相互问候、把坚果等礼物送给主人、主人要热情招待客人等。

②在游戏中，引导幼儿说“你好”、“谢谢”、“再见”等礼貌用语。

3. 结束活动

教师和幼儿一起欢快地唱儿歌《我是家庭小主人》。

●活动延伸

1. 引导幼儿去做客时，最好提前和主人约好时间。

2. 鼓励幼儿帮父母一起招待客人。

20.国旗飘啊飘

●活动目标

1. 让幼儿了解国旗的含义。

2. 感受升国旗的庄严。

3. 培养幼儿的爱国之情。

●活动准备

1. 不同国家的国旗图片。

2. 国庆节升国旗的视频。

●活动过程

1. 播放视频，激发幼儿的兴趣

（1）播放国庆升国旗的视频。

（2）出示国旗，介绍它的特征。

①让幼儿仔细观察五星红旗，知道它是我们国家的国旗。

②教师引导幼儿讨论：国旗的特征。

教师提醒：什么颜色？上面画着哪些图案？大五角星有几个？小五角星有几个？

2. 基本部分

（1）出示不同国家的国旗，让幼儿从中挑出我们的国旗。

（2）教师引导幼儿讨论：国旗经常会在什么场合出现？

教师提醒：国庆节、运动会上等。

（3）画国旗。

教师指导幼儿动手画出我们的国旗，并将自己的作品展示给大家看。

3. 结束活动

再次播放国庆节升国旗的视频，组织幼儿唱国歌，体验升国旗的庄严。

●活动延伸

1. 引导幼儿认识不同国家的国旗。

2. 组织幼儿参加一次升旗仪式。

21.好多的水果

●活动目标

1. 感受猜谜语的乐趣。

2. 了解部分水果的特征。

3. 在游戏中，感受成功的快乐。

●活动准备

1. 不同水果的图片。

2. 请每个幼儿自带一种水果。

3. 画着各种水果的图片 1 张（有菠萝、香蕉、荔枝、橘子等）。

4. 收纳箱 1 个。

●活动过程

1. 出示图片，吸引幼儿的注意力

（1）教师提醒幼儿观察：图片上都有哪些水果？

（2）教师总结。

2. 基本部分

（1）猜谜语。

①一只刺猬真奇怪，身上长着鳞和盖，水果店里有它在，酸酸甜甜惹人爱。（谜底：菠萝）

兄弟几个真和气，喜欢并肩坐一起，少时喜欢青衣服，老来都穿黄皮衣。（谜底：香蕉）

拆掉红房子，藏着白胖子，赶走白胖子，剩个黑小子。（谜底：荔枝）

小小黄坛子，装着黄饺子，吃掉黄饺子，吐出白珠子（谜底：橘子）

教师提醒：答案都是图片里。

②引导幼儿学习猜谜的方法。

③鼓励幼儿多开动脑筋。

（2）魔术变变变。

①教师将幼儿自带的水果装在收纳箱里，让幼儿通过触摸猜出水果的名字，并描述水果的特征。

②比一比，看谁猜得又准又快。

3. 结束活动

幼儿一起分享自带的水果，感受集体游戏带来的快乐。

●活动延伸

1. 鼓励幼儿一起玩猜谜语的游戏，看谁猜得又快又准。

2. 引导幼儿多认识一些水果，知道它们的特征。

22.保护环境，从我做起

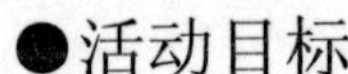

●活动目标

1. 让幼儿有环保意识。

2. 通过游戏，培养幼儿不乱扔垃圾的好习惯。

●活动准备

1. 瓜子若干。

2. 在活动场地事先放点纸屑、塑料袋、糖果纸等垃圾。

●活动过程

1. 开始部分

（1）创设情境，导入主题。

①教师请一名幼儿进行情景表演：吃完瓜子后，把瓜子皮往地上随便一扔。

②教师：小朋友们，你们都看到了什么？

③这种做法对吗？应该怎么去做？

（2）教师引导幼儿讨论保护环境的问题。

①外出的时候，你会随手扔垃圾吗？

引导幼儿外出的时候，如果有垃圾桶，就把垃圾放到里面；如果没有垃圾桶，要自带垃圾袋，养成爱好环境的好习惯。

②你会随意将口香糖吐到地上吗？

引导幼儿吃完口香糖，要用纸包住，然后再扔进垃圾桶或垃圾袋。

③如果你发现地上有垃圾，你会怎么做呢？

引导幼儿捡起来，扔到垃圾桶里。

2. 基本部分

（1）带领幼儿进入活动场地。

（2）发现地上糖果纸，引导幼儿说说应该怎么去做。

（3）鼓励幼儿积极主动捡垃圾，并知道把垃圾扔到垃圾桶里面。

3. 结束活动

带领幼儿将活动场地的垃圾捡起来。

●活动延伸

1. 外出时，父母和幼儿互相监督，养成不乱扔垃圾的好习惯。

2. 在家中，父母鼓励幼儿将垃圾进行分类，有的可以扔进垃圾桶，有的可以废物利用。

23.牙牙要洗澡

●活动目标

1. 了解蛀牙的危害，知道刷牙的重要性。

2. 学习正确刷牙的方法，养成早晚刷牙、饭后漱口的好习惯。

●活动准备

1. 搜集《蛀牙》视频、《刷牙歌》。

2. 牙齿构成的图片。

3. 幼儿自带牙刷。

●活动过程

1. 图片引出课题

（1）教师先拿出牙齿构成的图片，然后提问：小朋友们，这是什么啊？

（2）请幼儿互相观看小朋友的牙齿，讨论“牙齿为什么会变黑？”

（3）教师讲解食物残渣不及时清洁，会给牙齿带来哪些危害，然后给幼儿播放《蛀牙》的视频。

（4）引导幼儿讨论“牙牙需要洗澡吗”？

2. 学习正确刷牙的方法

（1）引导幼儿讨论刷牙的方法。

（2）播放《刷牙歌》，教师示范正确的刷牙方法，并让幼儿跟着模仿。

（3）教师引导幼儿总结保护牙齿的方法。

教师总结：要想有一口好牙齿，就要养成一些好习惯，比如少吃甜食、吃完食物后要漱口、早晚要刷牙，等等。

3. 结束活动

幼儿整理自己的牙刷。

●活动延伸

1. 引导幼儿阅读《鳄鱼怕怕，牙医怕怕》等绘本，使幼儿明白。

2. 学习《刷牙歌》，教育幼儿养成早晚刷牙、饭后漱口的好习惯。

3. 在家中，请家长监督幼儿刷牙的方法。

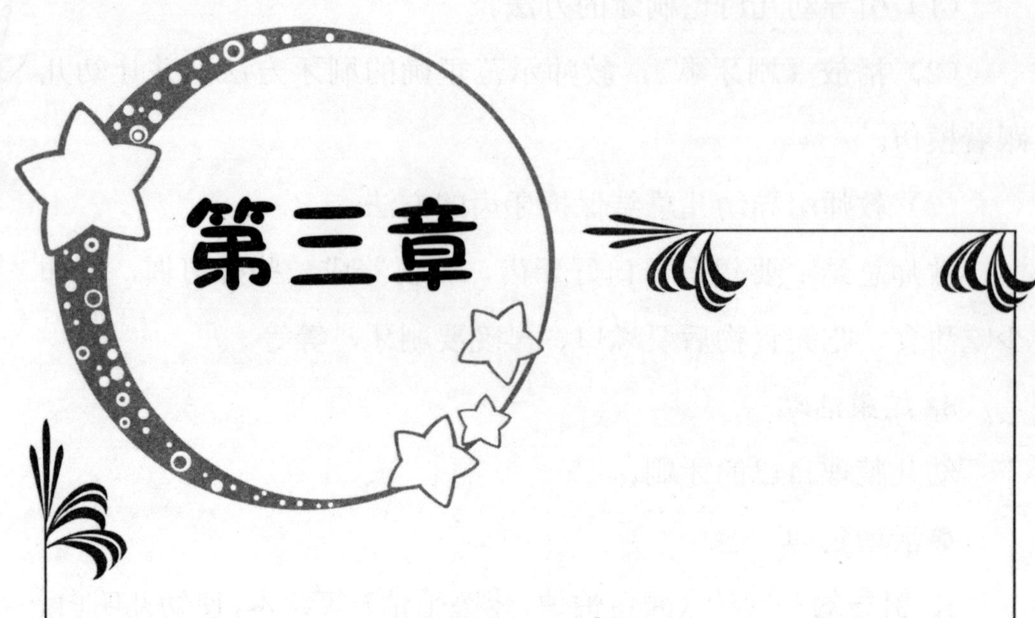

第三章

语言·艺术

1.海底世界真美丽

●活动目标

1. 初步了解海洋里有形形色色的动物。

2. 感受海底世界的美丽。

3. 培养幼儿团队合作的精神。

●活动准备

1. 海底世界的视频。

2. 水母、海葵、珊瑚等各种鱼类的贴纸。

3. 蓝色底板若干张。

●活动过程

1. 情景创设，引导幼儿乐于参加活动

（1）播放海底世界视频，让幼儿观察海底世界的情景。

教师提问：小朋友们，你们都看到了哪些植物？

教师总结:海底世界有很多美丽的植物，有水母、海葵、珊瑚、海藻等动植物。

（2）引导幼儿自由讨论：你们都看到了哪些动物？它们在水里是怎么游的？教师总结:海洋世界的动物可真多，有鱼儿、海龟、乌贼等，它们在水里赛跑、捉迷藏……玩得可开心啦。

（3）教师带领幼儿一起模仿在水中游的动物。

2. 基本部分

（1）引导幼儿仔细观察海洋世界中鱼儿的颜色，提问：它们都有什么颜色？

教师：鱼儿的颜色五颜六色，有红色、蓝色、白色等。

（2）引导幼儿仔细观察海洋世界中鱼儿的形状，提问：它们都有什么形状？

教师：鱼儿的形状有很多，扁扁的、细长的、长的、短的，等等。

（3）共同制作美丽的海底世界。

①出示贴纸，鼓励幼儿积极主动地参与活动。

②将幼儿分成几个小组，每个小组制作出一幅美丽的海底世界。

3. 结束活动

鼓励幼儿展示自己的作品，并向大家介绍作品。

●活动延伸

1. 和父母一起制作“美丽的海洋世界”。

2. 鼓励幼儿自己制作各种鱼类，比一比谁的鱼儿更漂亮。

2.夏天来了

●活动目标

1. 了解人类、动物有着不同的避暑方式。

2. 锻炼幼儿的语言表达能力。

3. 增强幼儿的求知欲。

●活动准备

1. 动物避暑的视频。

大象、小兔子、小狗头饰若干。

●活动过程

1. 开始部分

（1）教师：夏天来了，太阳火辣辣地照射着大地。小朋友们，你们用什么办法让自己凉快一些呢？

教师总结：我们有很多的避暑方法，比如扇扇子、开电风扇、开空调等。

（2）教师引导幼儿思考：你们知道动物是怎么避暑的吗？

2. 基本部分

（1）播放视频，了解动物的避暑方法。

①出示大象的图片，引导幼儿讨论：大象是怎么避暑的？

教师总结：大象将沙子或牧草甩到背上来避暑。

②出示小白兔的图片，引导幼儿讨论:小白兔是怎么避暑的？

教师总结：小白兔通过竖着两只长耳朵散发热量来避暑。

③出示小狗的图片，引导幼儿讨论：小狗是怎么避暑的？

教师总结：小狗在通过伸出舌头散发身体的热量来避暑。

（2）开展小动物避暑的游戏。

①将幼儿分成三组，分别戴上大象、小兔子、小狗的头饰。

②教师请幼儿猜谜语：披白毛，眼睛红。嘴巴三瓣只吃素，生性胆小速度快。（谜底：小白兔）

请小白兔一组说出它们的避暑方法，并用动作模仿出来。

③教师请幼儿猜出大象、小狗的谜语，同样用动作模仿它们的避暑方法。

3. 结束活动

教师和幼儿一起随着音乐做放松运动。

●活动延伸

1. 在家里向父母表演小动物的避暑方法。

2. 鼓励幼儿了解更多小动物的避暑方法。

3.我爱幼儿园

●活动目标

1. 让幼儿愿意上幼儿园。

2. 让幼儿学会表达自己的情绪。

3. 体验幼儿园的乐趣。

●活动准备

1. 布置活动场所、阅读区、建构区等。

2. 笑脸、伤心、大哭等表情图片。

●活动过程

1. 出示图片，引起兴趣

①教师：小朋友们，每天早上，你来幼儿园之前的表情是什么样子呢？请根据自己的实际情况，选出相应的图片。

②教师：你们喜欢幼儿园吗？为什么？

鼓励幼儿学会用语言表达自己的情绪。

2. 基本部分

（1）带领幼儿参观幼儿园。

①布置活动场所，提供不同种类的玩具，吸引幼儿愿意来幼儿园。教师：这是什么地方？你们喜欢这里吗？为什么？

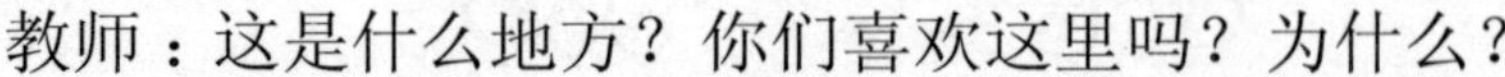

②在阅读区放置一些有趣好玩的绘本，培养幼儿喜欢阅读的兴趣。

教师：这是什么地方？你们喜欢这里吗？为什么？

③在建构区放置积木、拼图、磁力架等玩具，让幼儿充分发挥创造力，搭建自己喜欢的建筑。

（2）引导幼儿产生喜欢幼儿园的情感。

①和幼儿一起讨论，引导幼儿表达自己的想法。

教师：幼儿园是我们的家，我们是幼儿园的小主人。我们该怎么保护它呢？

②引导幼儿热爱幼儿园。

如果在幼儿园看到纸屑等垃圾，要主动把它捡起来，扔到垃圾筒里。

3. 结束活动

和幼儿一起唱儿歌《我爱幼儿园》。

●活动延伸

1. 引导幼儿画出心目中的幼儿园。

2. 鼓励幼儿之间使用“你好”“谢谢”“对不起”等礼貌用语。

4.各种各样的表情

●活动目标

1. 体验面部表情的变化。

2. 学会用色彩表达自己的感受。

3. 锻炼幼儿的观察能力。

●活动准备

1. 醋、糖果、苦瓜片、辣椒若干。

2. 彩笔、纸若干。

●活动过程

1. 游戏导入，引出主题

（1）在四个小碟子里分别放入适量的醋、糖果、苦瓜片、辣椒面，邀请四名幼儿前来品尝。

（2）根据幼儿的表情，请幼儿猜猜他们吃到的是什么东西。

2. 基本部分

（1）模仿表情游戏。

①2人一组，请一名幼儿分别尝试醋、糖果、苦瓜片、辣椒面，另一名幼儿模仿他的表情。

教师提醒：仔细观察他的眉毛、眼睛和嘴巴有什么变化。

②两名幼儿交换角色，继续游戏。

（2）引导幼儿画表情。

①引导幼儿先画出脸型。

②画出自己最喜欢的一个表情。

③比一比，看谁画的表情最好玩。

3. 结束活动

老师和幼儿一起唱《表情歌》。

●活动延伸

1. 鼓励幼儿回家与父母玩画表情游戏。

2. 在日常生活中，请幼儿观察人们都有哪些表情。

5.我喜欢我的小手

●活动目标

1. 通过游戏，让幼儿喜欢上自己的小手。

2. 知道小手有很多用处。

3. 培养幼儿的语言表达能力。

●活动准备

1. 保护小手的视频。

2. 小猴子、小兔子头饰若干。

●活动过程

1. 通过儿歌，激发兴趣

（1）和幼儿一起唱《拍手歌》，让幼儿了解自己的小手。

（2）引导幼儿讨论：我们的小手都可以干什么？

教师总结：小手可以拿东西、写字、画画、手影，等等。

2. 基本活动

（1）了解小手的特征。

①请幼儿观察自己的小手，引导幼儿讨论：小手都有哪些部分组成？

教师总结：小手上有手指、指甲、手心和手背等。

②引导幼儿说说这几个手指的名称。

教师总结：手指有大拇指、食指、中指、无名指和小指。

（2）玩小手游戏。

①将幼儿分成2组，分别带上小猴子头饰和小兔子头饰。

②由教师发口令，幼儿配合口令做动作。

③教师：小猴子拍手，小兔子举手。

请两组幼儿分别做出相应的动作。

④教师变换不同的口令。

（3）让幼儿知道要保护自己的小手。

①请幼儿观看保护小手的绘本，了解小手的安全保健知识。

②教师引导幼儿讨论：我们该怎么保护它呢？

教师总结：不吃手指，不啃指甲，不将小手伸入门缝，不拿尖锐的东西等等。

3. 结束活动

在音乐的伴奏下，和幼儿一起做手指操。

●活动延伸

1. 做一些有关小手的游戏，比如小手做手工。

2. 鼓励幼儿回家帮妈妈做家务，多让自己的小手做运动。

3. 在家和父母用橡皮泥做手印，感受家庭的温暖。

6.颜色变变变

●活动目标

1. 激发幼儿对颜色的兴趣。

2. 感受颜色的美感。

3. 培养幼儿的动手能力。

●活动准备

1. 三种颜料：红色、黄色和蓝色。

2. 调色盘。

●活动过程

1. 播放儿歌，引起幼儿对颜色的兴趣

（1）教师和幼儿一起学唱儿歌《三兄弟》。

（2）教师引导幼儿讨论：儿歌中的三兄弟都是谁？

教师总结：三兄弟是指红色、黄色和蓝色，它们有一个共同的名字——“三原色”。

2. 探索三原色相互搭配可以调出多种颜色

（1）根据儿歌“红黄两个手拉手，变成橙色画橘子。”进行调色游戏。

引导幼儿将红色和黄色调在一起，观察颜色的变化。

（2）根据儿歌“黄蓝两个手拉手，变成绿色画叶子。”进行调色游戏。

引导幼儿将黄色和蓝色调在一起，观察颜色的变化。

（3）根据儿歌“红蓝两个手拉手，变成紫色画茄子。”进行调色游戏。

引导幼儿将红色和蓝色调在一起，观察颜色的变化。

（4）根据儿歌“红黄蓝手拉手，变成黑色画轮子。”进行调色游戏。

引导幼儿将红色和黄色调在一起，观察颜色的变化。

3. 结束活动

引导幼儿分享游戏中的乐趣。

●活动延伸

1. 鼓励幼儿回家和父母分享三原色的游戏。

2. 制作彩色帽，感受多种颜色组合所带来的美感。

7.小蝌蚪找妈妈

●活动目标

1. 锻炼幼儿的语言表达能力。

2. 和同伴一起享受游戏的快乐。

●活动准备

1. 小蝌蚪、青蛙、小鸭子、鹅、鱼儿头饰若干。

2. 创设小池塘的环境。

●活动过程

1. 猜谜语，激发兴趣

（1）教师：大脑袋，黑黝黝，细细的尾巴水中游。

引导幼儿说出谜底：小蝌蚪。

（2）教师引导幼儿思考：小蝌蚪的妈妈是谁呢？

教师：小蝌蚪的妈妈是青蛙。

2. 基本部分

（1）开始游戏。

①将幼儿分成三组，从场地的不同地方出发，开始找青蛙妈妈。

②小蝌蚪找到鸭妈妈，鸭妈妈说：“我不是你们的妈妈。”

③小蝌蚪找到鱼儿妈妈，鱼儿妈妈说："我不是你们的妈妈。"

④小蝌蚪找到鹅妈妈，鹅妈妈说："我不是你们的妈妈。"

⑤小蝌蚪找到青蛙妈妈，青蛙妈妈说："我才是你们的妈妈。"

（3）游戏中，教师提醒幼儿注意安全，不要跑出活动场地范围。

3. 结束活动

教师和幼儿一起唱歌曲《世上只有妈妈好》，感受母爱的伟大。

●活动延伸

1. 幼儿回家向妈妈表达自己的情感。

2. 请幼儿根据自己的设想，表演与众不同的《小蝌蚪找妈妈》。

8.我学会了印染

●活动目标

1. 初步了解简单的印染方法。

2. 培养幼儿的想象力和创造力。

3. 激发幼儿对色彩的兴趣。

●活动准备

1. 颜料：红、黄、蓝、绿、黑五种颜色。

2. 手帕纸若干张。

3. 印染的手帕纸3张。

●活动过程

1. 出示印染前和印染后的手帕纸，引起幼儿的兴趣

（1）教师：小朋友们，比较一下这两张手帕纸，哪一张更漂亮？

（2）引导幼儿讨论：这两张手帕纸有什么不同？

教师总结：颜色不同，一张是没有印染的手帕纸，一张是印染后的手帕纸。

2. 基本部分

（1）教师示范印染纸的方法。

①将正方形的手帕对折三次成三角形。

②将对折好的手帕纸随意蘸一种或几种颜色。

③轻轻地打开手帕纸，向大家展示作品。

（2）让幼儿亲自实践染手帕纸。

① 2 人一组，进行印染手帕纸练习。

③教师提醒幼儿：蘸颜料的时间不能太长，印染后要轻轻地展开。

（2）幼儿亲身体验，激发幼儿对色彩的兴趣。

①鼓励幼儿大胆创造。

②帮助幼儿体验成功的快乐。

3. 结束活动

引导幼儿互相欣赏彼此的作品。

●活动延伸

1. 启发幼儿充分发挥想象力和创造力，印染出与众不同的手帕纸。

2. 请幼儿回家和父母一起做印染游戏，共同体验其中的乐趣。

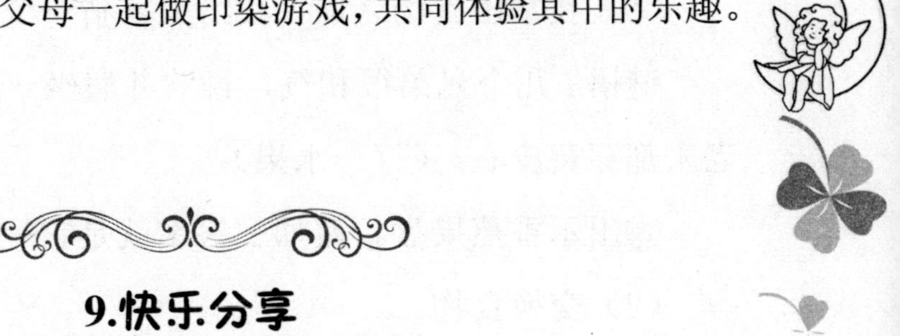

9.快乐分享

●活动目标

1. 让幼儿学会和他人分享食物，体验分享的快乐。

2. 激发幼儿对幼儿园的亲切感，喜欢上幼儿园。

●活动准备

1. 请幼儿自备食品 1 份。

2.《猪八戒吃西瓜》视频。

3. 香蕉果盘若干。

●活动过程

1. 播放视频，引出课题

（1）视频中，猪八戒是怎么吃西瓜的？他的做法对吗？为什么？

（2）教师：如果你有了好吃的东西，你会怎么做？为什么？

2. 基本部分

（1）引导幼儿分享食物。

①教师：今天我也带来了好吃的食物，想和小朋友们一起分享。你们猜猜看，我带来的是什么？

②在我拿出食物之前，我给大家猜一个谜语，看谁能猜出来。

谜语：几个兄弟很和气，喜欢并肩坐一起，少时喜欢青衣服，老来都穿黄皮衣。（打一水果）

③出示香蕉果盘。教师：答案就是它——香蕉。

（2）交换食物。

教师：今天，小朋友们也带来了很多好吃的食物，你们都带了什么呢？

①引导个别幼儿介绍自己带来的食物。

②哇，这么多好吃的食物！有人愿意把自己的食物送给其他小朋友吗？

③请小朋友自由结合，找到自己的好朋友，经过他的同意之后，两人互相交换食物。

（3）请幼儿交流分享的快乐。

①你和谁交换了食物？你喜欢他的食物吗？

②你喜欢和小朋友分享食物吗？为什么？

3. 结束活动

和幼儿一起唱歌，进一步体验幼儿欢快的情绪。

●活动延伸

1. 和父母说一说和小朋友交换食物的感受。

2. 在家中，引导幼儿和父母一起做自己喜欢的东西。

10.儿童节真快乐

●活动目标

1. 知道六月一日是儿童节。

2. 让幼儿感受节日的快乐。

3. 通过游戏，感受到集体大家庭的爱和温暖。

●活动准备

1. 全国各地小朋友欢庆“六一”的视频。

2. 幼儿自备儿童节礼物1份。

●活动过程

1. 播放视频，引出课题

（1）教师引导幼儿讨论：视频中，小朋友都在庆祝什么节日呢？

教师总结：六一儿童节是你们的节日，也是全世界儿童的节日。

（2）教师引导幼儿讨论：你们喜欢过儿童节吗？为什么？

教师总结：儿童节是孩子的节日，这一天，很多地方都会举办一些活动来庆祝这个节日，比如唱歌、跳舞、做游戏，有时候还能收到意外的礼物呢。

2. 基本部分

（1）引导幼儿通过自己的方式来庆祝儿童节。

①将幼儿分成三组，每组表演两个节目，节目内容不限。

②在幼儿表演节目的过程中，教师要适时给予鼓励。

（2）引导幼儿自制贺卡。

①充分发挥想象力和创造力，请每组幼儿合作自制一张贺卡。

②贺卡制作完成后，请幼儿描述一下贺卡的内容。

③将幼儿制作的贺卡放在展览区，供家长和幼儿欣赏。

3. 结束活动

请幼儿互换儿童节礼物。

●活动延伸

1. 和父母说一说自己在幼儿园是怎么庆祝儿童节的。

2. 引导幼儿在节日里做一些有意义的事情。

11.逃家小兔

●活动目标

1. 观察画面，能够了解有趣的故事内容。

2. 体会妈妈对宝宝的爱。

3. 通过故事，学会如何去表达自己的爱。

●活动准备

绘本《逃家小兔》。

●活动过程

1. 观察封面，激发幼儿阅读兴趣

（1）引导幼儿观察封面上的兔妈妈和兔宝宝。

教师：图书的封面上有什么？它们在干什么呢？

（2）读书名，引导幼儿大胆地猜测故事内容。

教师：这本书的名字叫逃家小兔，难道是小兔要从家逃走吗？它为什么要逃走呢？我们一起来看看吧！

2. 基本内容

（1）欣赏故事，理解故事情节。

①用提问的方式，引导幼儿观察每一幅图。

教师：小兔子要逃走，他可不想被妈妈追上。他说："如果你来追我，我就变成溪里的小鳟鱼，游得远远的。"

教师提问：这时候，妈妈该怎么办呢？

②教师：妈妈说："要是你变成溪里的小鳟鱼，我就变成捕鱼的人去抓你。"

教师提问：接下来，小兔会怎么做呢？

③教师：就这样，小兔先后变成了大石头、小花、小鸟、小帆船、马戏团里的空中飞人、小男孩。而妈妈又会变成什么呢？

教师总结：妈妈先后变成了爬山的人、园丁、让小鸟回家的树、吹小帆船的风、走钢索的人、小男孩的妈妈。

（2）启发幼儿对妈妈的爱。

①教师：兔妈妈为什么一次又一次去追小兔子呢？

教师总结：兔妈妈这么爱自己的宝宝，你们的妈妈爱你们吗？是怎么爱你的？

②鼓励幼儿用语言表达自己对家人的爱。

3. 结束活动

鼓励幼儿用自己的语言描述故事梗概。

●活动延伸

1. 启发幼儿回家表达自己对爸爸妈妈的爱。

2. 和父母一起分享绘本《逃家小兔》。

12.秋天来了

●活动目标

1. 初步了解秋天树叶的变化。

2. 锻炼幼儿的观察能力。

3. 培养幼儿的创造力。

●活动准备

1. 枫树、杨树、银杏树等叶片的图片若干。

2. 请幼儿自带树叶 1 片。

●活动过程

1. 问题引入。

（1）请幼儿展示自己的树叶。

（2）教师：大家带的树叶都很漂亮，请你们比较一下，你们的树叶大小一样吗？颜色一样吗？

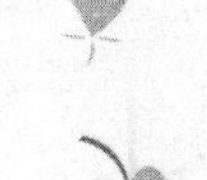

（3）引导幼儿观察树叶，让他们发现每一片树叶都是不同的。

2. 基本部分

（1）鼓励幼儿根据树叶的形状和颜色，帮助小树叶找妈妈。

①引导幼儿提醒幼儿根据树叶的特征找到相应的大树。

②巩固幼儿对树叶的认识。

（2）请幼儿设想一个秋天的场景，并说出场景中都有什么事物，如花园里有落叶、菊花、小鸟等。

①鼓励幼儿大胆发言。

②引导幼儿注意观察季节的变化。

3. 结束活动

鼓励幼儿回家将自己的树叶做成标本，然后展示给大家。

●活动延伸

1. 鼓励幼儿观察大自然的变化，感知四季的不同。

2. 引导幼儿注意观察，秋天里都有哪些美丽的风景。

13.冬天来了

●活动目标

1. 感知大自然的变化。

2. 知道一些动物的生存习性。

3. 增强幼儿热爱小动物的情感。

●活动准备

1. 准备一些动物冬眠的图片（小松鼠、小青蛙、狐狸等）。

2. 撕贴画《雪花》。

3. 固体胶棒。

●活动过程

1. 谜语导入，引起幼儿参与活动的兴趣

（1）叫花不是花，夏天不见它，寒风吹来时，飘落千万家。（谜底：雪花）。

（2）教师引导幼儿讨论：什么季节会有雪花？

（3）教师引导幼儿讨论：冬天来了，小朋友们会有什么装备？

2. 基本部分

（1）出示松鼠钻进树洞的照片，引导幼儿讨论：小松鼠为什么要钻进树洞？

教师总结：冬天来了，小松鼠把找好的榛子、橡子等食物埋藏起来，然后躲大树洞里开始睡大觉，饿了就去挖之前埋藏的食物。

（2）出示青蛙在泥潭里睡觉的图片，引导幼儿讨论：小青蛙为什么要躲在泥潭里不动弹？

教师总结：冬天来了，小青蛙要冬眠了，它们不吃也不喝，到了明年春天才苏醒过来。

（3）出示狐狸在雪地里的照片，引导幼儿讨论：狐狸为什么不怕冷？

教师总结：冬天来了，狐狸会换上又厚又密的皮毛，皮肤下还长着厚厚的脂肪，所以它不怕冷。

（4）引导幼儿讨论：蛇、黑熊、燕子等动物是怎么过冬的？

3. 结束活动

教师和幼儿一起唱儿歌《冬天来了》。

●活动延伸

1. 请幼儿把今天学到的知识分享给爸爸妈妈。

2. 画一幅画《冬天来了》。

第四章

体育活动

1.小牛回家

●活动目标

1. 锻炼幼儿手眼协调的能力。

2. 培养幼儿的专注力。

3. 在游戏中，体验成功的喜悦。

●活动准备

1. 制纸球和小木棒若干。

2. 制画有小牛头饰的两个纸屋子。

●活动场地

室外

●活动过程

1. 始部分

（1）教师带领幼儿进入活动场地，做热身运动。

（2）给每个幼儿发一个小木棒和纸球，引出主题。

2. 基本部分

（1）让幼儿自由探索用木棒运球的方法。

①鼓励幼儿用不同的方法运球。

②引导幼儿讨论：哪一种方法更好？为什么？

（2）尝试用棍赶球。

①教师示范赶球的方法：侧着身体站在球的旁边，两只手握住小木棒的尾端，让纸球沿着一个方向向前滚动。

②鼓励幼儿再次练习，必要时教师给予指导。

（3）赶小牛游戏。

①将幼儿分成两组，每组分成两排。

②第一排幼儿拿球和小木棒，将“小牛”赶到小牛的家，再跑回来排到队尾，第二排幼儿依次游戏。

3. 结束活动

在规定的时间内，比一比哪一组赶的小牛最多。

●活动延伸

1. 熟悉动作要领后，可以加大难度进行游戏。

2. 纸球也可以换成皮球或者其他物品，可以灵活使用游戏工具。

2.动物蹲

●活动目标

1. 培养幼儿思维的灵活性。

2. 锻炼游戏的腿部力量。

3. 在游戏中，感受集体快乐的氛围。

●活动准备

1. 鸭、小猪、小狗、小兔头饰等若干。

2. “萝卜蹲”游戏视频。

3. 笑脸贴纸若干。

●活动过程

1. 视频引入，引起幼儿的兴趣

（1）通过播放幼儿熟悉的“萝卜蹲”游戏，激发幼儿快速进入游戏环境。

（2）教师:很多小朋友都玩过“萝卜蹲”游戏，你们玩过《动物蹲》游戏吗?

2. 基本部分

（1）将幼儿分成 4 组，排在最前面的为组长，每组选择自己喜欢的动物头饰。

（2）教师介绍游戏规则：由每组的组长发出口令，相应的动物做出往下蹲的姿势。

①小鸭组组长说，小鸭蹲，小鸭蹲，小鸭蹲完小兔蹲。

②小兔组组长说，小兔蹲，小兔蹲，小兔蹲完小狗蹲。

③小狗组组长说，小狗蹲，小狗蹲，小狗蹲完小猪蹲。

④小猪组组长说，小猪蹲，小猪蹲，小猪蹲完小鸭蹲。

（3）重复以上动作，没有接上的一组直接被淘汰，坚持到最后的一组获胜。

3. 结束活动

教师为获胜的一组送上笑脸贴纸。

●活动延伸

1. 启发幼儿可以将蹲改为跳、扭等动作，继续进行游戏。和父母一起去观察生活中常见的小动物，并了解它们的习性和特征。

2. 引导幼儿探索多种玩法，可以让没有接上的幼儿进行唱歌跳舞等才艺展示。

3.丢手绢

●活动目标

1. 锻炼幼儿的快速反应能力。

2. 学习遵守游戏规则。

3. 乐意和大家一起做游戏。

●活动准备

1. 歌曲《丢手绢》。

2. 手绢1块。

●活动过程

1. 开始部分

（1）带领幼儿进入活动场地，做放松运动。

（2）教师和幼儿一起学唱儿歌《丢手绢》。

2. 基本部分

（1）教师介绍游戏规则。

①请幼儿手拉手围成一个大圆圈，松开手蹲下。

②请一名幼儿拿着手绢沿着圆圈跑，圈上的幼儿一起唱儿歌《丢手绢》。

③在幼儿唱歌的过程中，拿手绢的小朋友悄悄地将手绢放到一名幼儿的身后。

④在唱歌的过程中，如果幼儿没有发现手绢，就请他为大家表演节目；如果幼儿自己发现了手绢，就要拿起手绢，快速追逐丢手绢的幼儿。

⑤如果追上了，就请丢手绢的幼儿为大家表演节目；如果追不上，两人交换位置，游戏重新开始。

（2）集体游戏《丢手绢》。

①鼓励幼儿愉快地参与活动。

②游戏中，教师提醒幼儿要注意安全。

3. 结束活动

教师和幼儿一起玩《丢手绢》游戏。

●活动延伸

1. 和父母分享《丢手绢》的乐趣。

2. 鼓励幼儿大胆表演节目。

4.木头人

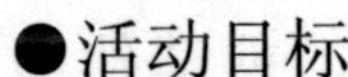

●活动目标

1. 培养幼儿的自我控制能力。

2. 培养幼儿的创造力。

3. 在游戏中感受快乐。

●活动准备

《木头人》儿歌。

●活动过程

1. 开始部分

（1）带领幼儿进入活动场地，做热身运动。

（2）和幼儿一起唱儿歌《木头人》：我们都是木头人，不许说话不许动，看谁立场最坚定！

2. 基本部分

（1）介绍游戏规则；

①请一个“领导人”站在中间。

②幼儿围成一个圆，一边拍手唱儿歌《木头人》，一边走动。

③幼儿唱到最后一个字的时候，“领导人”做出一个如“小猫咪”的动作，其他幼儿跟着模仿，随后静止不动。

④动作模仿错误的，请站在圆圈中间做“领导人”，然后继续游戏。

（2）组织幼儿开始游戏。

①在游戏的过程中，教师提醒幼儿注意安全。

②教师监督幼儿是否遵守游戏规则。

3. 结束活动

在音乐的伴奏下，教师带领幼儿做放松运动。

●活动延伸

1. 游戏中，鼓励幼儿自由发挥做各种动作。

2. 幼儿熟悉游戏规则后，可加大游戏难度。

5.沙包来了

●活动目标

1. 初步了解沙包的重量会影响击中的效果。

2. 让幼儿体验集体活动的乐趣。

3. 锻炼幼儿上肢的力量。

●活动准备

1. 重量不同的沙包若干。

2. 自制纸球、动物贴纸若干。

3. 沙坑 1 个，收纳箱 2 个。

●活动过程

1. 出示沙包，引起幼儿的兴趣

（1）教师示范游戏。

①教师将动物贴纸贴到纸球上，把纸球放在沙坑里。

②教师站在离沙坑一定的距离，尝试用沙包击中纸球。

③教师击中纸球后，可以将贴纸揭下来，放在自己的收纳盒里。

（2）请幼儿进行尝试，熟悉游戏流程。

①请幼儿讨论：什么样的沙包最容易击中纸球？

②什么样的纸球容易被打到？

③用什么方法扔沙包，更容易击中纸球？

2．基本部分

①教师介绍游戏规则：每组幼儿站在规定的位置，分别用沙包击打纸球，击中后可将纸球上的动物贴纸揭下来。游戏结束后，数一数哪一组得到的动物贴纸最多，即为获胜者。

②将幼儿分成两组，开始游戏。

③游戏中，教师要不断提醒幼儿要注意安全。

3. 结束活动

请获胜的一组幼儿为大家分享扔沙包的技巧。

●活动延伸

1. 沙包可以有多种不同的玩法，引导幼儿去探索哪一种方法更好玩。

2. 引导幼儿自己尝试制作沙包。

6.我会托球

●活动目标

1. 锻炼幼儿身体的协调性。

2. 让幼儿喜欢探索。

3. 在游戏中，体验成功的快乐。

●活动准备

1. 纸板、广告纸若干。

2. 剪刀、胶带若干。

●活动过程

1. 开始部分

（1）播放视频，激发幼儿的兴趣。

（2）请幼儿讨论：在运动中，怎么使纸球不掉到地上呢？

2. 基本部分

在游戏中，体验游戏的快乐。

（1）自制纸球。

①教师示范如何制作纸球：用广告纸将纸球揉成一团，然后用胶带粘住。

②请 2 名幼儿一组，制作纸球。

（2）示范游戏。

①教师请几名幼儿分别站在不同的地方，中间放置不同的障碍物。

②请第一名幼儿用纸板托纸球跑，绕过障碍物后，将纸球传给第二名幼儿继续游戏，以此类推，一直到最后一名幼儿。

（3）让幼儿尝试托球游戏。

①将幼儿分成两组进行游戏。

②教师介绍游戏规则：在用纸板托球的过程中，不能用手扶球，也不能用脑袋扶球，要保持纸板的平整；在托球的过程中，如果纸球掉到地上，要返回起点重新开始。

③游戏比赛，看哪一组最先完成，速度最快的一组获胜。

3. 结束活动、

请获胜的一组幼儿分享游戏的经验。

●活动延伸

1. 等幼儿熟悉动作后，可以加大游戏难度。

2. 可以将纸球换成气球、乒乓球，尝试多种游戏玩法。

7.神奇的轮胎

●活动目标

1. 锻炼四肢的协调能力。

2. 体验玩轮胎的乐趣。

3. 培养幼儿动作的灵敏性。

●活动准备

旧轮胎若干个。

●活动场地

室外

●活动过程

1. 开始部分

（1）对幼儿进行户外游戏活动的安全教育。

（2）组织幼儿有序来到户外活动场地上。

2. 基本部分

（1）出示材料，引发兴趣。

①教师带领幼儿做热身运动。

②教师出示轮胎，引导幼儿讨论：轮胎可以干什么？

教师总结：轮胎可以装在汽车上，旧轮胎可以当凳子坐，等等。

③带领幼儿一起摆放轮胎，两个轮胎之间留有一定的空间，每排 6 个，共 2 排。

（2）介绍游戏规则。

①每组中的第一名幼儿从起始点开始，依次翻越六个轮胎。

②在翻越的过程中，脚不能碰到轮胎，否则返回，从第一个开始翻越。

（3）开展游戏。

①将幼儿分成两组，进行翻越轮胎的游戏。

②幼儿全部通过的一组为获胜者。

③在游戏中，教师提醒幼儿注意安全。

3. 结束活动

和幼儿一起清理活动现场，最后做放松运动，使肌肉放松。

●活动延伸

1. 鼓励小男孩玩转动轮胎的游戏。

2. 可适当加大游戏难度。

8.我会采蘑菇

●活动目标

1. 锻炼幼儿身体的协调性。

2. 初步体验探索和合作的乐趣。

3. 培养遵守规则的好习惯。

●活动准备

1. 小兔子、小熊、小猫咪头饰和篮子若干。

2. 各种形状的蘑菇若干。

●活动过程

1. 情景创设，激发兴趣

（1）教师带领幼儿进入活动场地，进行热身活动，引发幼儿

参与活动的兴趣。

（2）教师：昨天刚下了一场雨，猪大婶邀请我们一起去山上采蘑菇，你们愿意去吗？

2. 基本活动

（1）教师给幼儿分配角色，带领幼儿上山采蘑菇。

（2）介绍游戏规则：过山洞时，教师提醒幼儿要低着头，弯着腰，蹲下身子往前走；

走山路时，需要用手撑着地面，膝盖着地，用力向前爬。

3. 开始游戏

在过山洞和走山路时，教师提醒幼儿看到旁边的蘑菇，要捡起来放到自己的篮子里。根据实际情况，教师及时给予指导，使幼儿体验到采蘑菇的成功感。

4. 结束活动

小动物采完蘑菇之后，比一比看谁采得多。

●活动延伸

1. 让幼儿回家和爸爸妈妈分享今天的游戏。

2. 请幼儿讨论一下自己吃过什么样的蘑菇。

9.抛纸球

●活动目标

1. 锻炼幼儿向前抛物品的能力。

2. 发展幼儿动作的协调性。

3. 培养幼儿的创造性游戏能力。

●活动准备

1. 纸球、篮子若干。

2. 打篮球的视频。

●活动过程

1. 活动前准备

（1）教师带幼儿随着音乐进入活动场地，进行游戏活动前准备工作，活动四肢关节。

（2）播放视频，激发游戏的兴趣。

2. 基本活动

（1）教师示范如何用纸球投篮。

①站在指定的位置，向对面的篮子抛纸球。

②双脚并拢跳跃抛纸球。

（2）进行小组游戏活动。

①将幼儿分成四组，每人手里 3 个纸球。

②按照规则进行抛纸球。

教师在旁边观察，提醒幼儿注意安全，必要时给予指导。

（3）分享成功，体验快乐。

教师和幼儿一起练习抛纸球。

3. 结束活动

播放音乐，引导幼儿做放松运动。

●活动延伸

1. 引导幼儿利用踢、抛、扔等多种方法玩纸球。

2. 让幼儿自己用旧报纸、广告纸制作纸球，学会废物利用。

10.两人三足真好玩

●活动目标

1. 提高幼儿动作的协调性。

2. 锻炼幼儿的腿部力量。

3. 体验与同伴合作的乐趣。

●活动准备

绑腿的布条若干条。

●活动场地

室外

●活动过程

1. 做热身运动

（1）教师带领幼儿进入活动场地，在音乐的伴奏下，做热身运动。

（2）教师：小朋友们，两个人几只脚？

教师总结：对，两个人四只脚。如果两个人用三只脚走路，那会是什么样呢？

2. 基本部分

（1）两位教师示范“两人三足”的游戏，激发幼儿的兴趣。

（2）让幼儿尝试练习“两人三足”的动作。

①教师介绍游戏规则：把自己的一条腿和同伴的一条腿绑在一起向前走。

②请几组幼儿进行示范练习，分享怎样走能走得既快又稳。

③请幼儿自由结合，2 人一组，开始游戏。

教师提醒：两人同时喊口令，保持同一个节奏。

④教师巡回了解情况，必要时给予指导。

3. 结束活动

请幼儿互相按摩小腿，做各种放松运动。

●活动延伸

1. 幼儿回家教父母玩“两人三足”的游戏。

2. 在幼儿熟悉动作后，可加大游戏难度。

11.帮娃娃穿衣服

●活动目标

1. 养成自己穿衣服的好习惯。

2. 锻炼幼儿手部的灵活性。

3. 培养幼儿做事的条理性。

●活动准备

布娃娃及相应的衣服若干。

●活动过程

1. 情景表演

（1）教师出示布娃娃：大家好，我是妞妞，今天是我的生日，阿姨送给我一套漂亮的新衣服，可我不会穿。爸爸妈妈，你们能帮我穿上吗？

（2）请两个幼儿扮演妞妞的爸爸妈妈，并帮她穿上新衣服。

（3）请幼儿讨论：他们穿衣服的顺序合理吗？

2. 基本部分

（1）教师示范如何给宝宝穿衣服：

①穿带拉链的衣服时，先把衣服披在身上，然后穿两只袖子，然后将拉链拉上，最后整理领子。

②穿套头衣服时，先将衣服平铺，领口低的是前面，前面一面要朝下，再穿两只袖子，最后套在头上。

③穿裤子时，先看裤子口袋，口袋插口是弯弯的就是前面，把前面朝上，再套两只裤腿，然后往上拎裤腰。

（2）请幼儿尝试给宝宝穿衣服，教师在旁边给予指导。

（3）交流讨论，分享经验。

①引导幼儿说说自己给宝宝穿衣服的心得。

②请速度快的幼儿给大家做示范。

3. 结束活动

教师带领幼儿清扫游戏场地。

●活动延伸

1. 请幼儿回家帮爸爸妈妈穿一次衣服。

2. 在家里，学会自己穿衣服。

12.你来抛，我来接

●活动目标

1. 学会抛球和接球的动作。

2. 培养幼儿手眼协调的能力。

3. 体验游戏的乐趣。

●活动准备

1. 用废旧饮料瓶自制的接球器、纸球若干。

2. 轻松欢快的音乐。

●活动场地

室外

●活动过程

1. 开始部分

在音乐的伴奏下，带领幼儿做热身运动。

2. 基本部分

（1）教师出示纸球和接球器，示范游戏的玩法。

（2）介绍游戏规则：

①2人一组，面对面站着，保持一定的距离。一个幼儿抛球，另一个幼儿用接球器接球。

②抛球的幼儿不要用太大的力气，接球的幼儿只能用接球器接球。

（3）开始“你来抛，我来接”的游戏。

①让幼儿先练习一下如何抛球、接球。

②2人一组，组织幼儿进行游戏。

③组织比赛，看哪一组接球数量最多。

3. 结束活动

请接球最多的一组向大家介绍接球的技巧。

●活动延伸

1. 鼓励幼儿发挥创造力和想象力，“你来抛，我来接”的游

戏还有哪些好玩的玩法？

2. 游戏规则还可以有哪些变化？

13.会飞的泡泡

●活动目标

1. 培养幼儿的观察能力。

2. 锻炼幼儿四肢肌肉的发展。

3. 体验游戏的乐趣。

●活动准备

1. 洗衣粉、洗衣液等洗涤用品。

2. 吹泡泡用的工具若干。

3. 塑料水杯、吸管若干。

●活动场地

室外

●活动过程

1. 开始部分

（1）在音乐的伴奏下，教师带领幼儿有序地进入活动场地，做热身运动。

（2）教师吹泡泡，让幼儿抓泡泡。

（3）教师：泡泡好玩吗？清水可以吹出泡泡吗？小朋友们会自己制作泡泡水吗？

2. 基本部分

（1）自制泡泡水。

①教师示范如何制作泡泡水。

将洗衣粉或洗衣液加入装有清水的杯子里，然后用吸管充分搅拌。

②请幼儿仔细观察洗涤用品在水里的变化。

③幼儿两两一组，相互协作制出泡泡水。

教师适当进行提醒，必要时给予指导。

（2）开展吹泡泡、追泡泡的游戏。

① 2 人一组，一个幼儿吹泡泡，另一个幼儿追泡泡。

②教师时刻提醒幼儿，追泡泡的时候要注意安全，不能冲撞在一起。

（3）教师提醒幼儿吹泡泡可大可小、可高可低等。

3. 结束活动

教师带领幼儿有秩序地进入教室洗手。

●活动延伸

1. 请幼儿画出泡泡的形状。

2. 充分发挥想象力，自己制作吹泡泡的工具。

14.小动物运香蕉

●活动目标

1. 发展幼儿动作的协调性和灵活性。

2. 锻炼幼儿团队合作精神。

3. 让幼儿体验和他人合作的快乐。

●活动准备

1. 香蕉道具、旧纸盒若干。

2. 小毛驴、小鸭子、小熊等动物头饰若干。

●活动场地

室外

●活动过程

1. 游戏情境导入

教师给幼儿分好组，分别戴上小毛驴、小鸭子、小熊等动物头饰。

教师：秋天到了，猴子哥哥种了很多香蕉，他想请你们来帮忙运香蕉，你们愿意帮助猴子哥哥吗？

2. 基本部分

（1）介绍游戏规则，练习运输方法。

①教师告知小动物的运输方法：小毛驴四脚跳，背上驮着香蕉；小鸭子双脚跳，怀里抱着香蕉；小熊把香蕉夹在两腿中间。

②鼓励幼儿试一试，模仿相应动物的运输方法。

（2）齐心协力运香蕉。

①教师告知路线：小毛驴—小鸭子—小熊，然后让幼儿站到合适的位置等候。

②小动物们开始运香蕉，按照接力赛的形式进行活动。

提醒幼儿要注意运香蕉的时候不能挤在一起，要有秩序。

③所有的小动物一定要齐心协力，这样才可以把所有的香蕉都运完。

④教师鼓励幼儿，让每一个幼儿都能愉悦地参与活动。

3. 结束活动

播放音乐，教师带领幼儿整理活动场地。

●活动延伸

1. 让幼儿发挥想象，创造不同的游戏。

2. 让幼儿自己选择喜欢扮演哪一种动物，然后再次进行游戏。

15.挑冰棒棍

●活动目标

1. 锻炼幼儿上肢肌肉的灵活性。

2. 培养幼儿的观察能力。

3. 鼓励幼儿积极主动参与游戏。

●活动准备

1. 冰棒棍若干。

2. 准备和幼儿数量相同的纸片。

●活动过程

1. 开始部分

（1）教师示范游戏玩法：

①先将一把冰棒棍攥在手里，再撒在桌面上。

②手拿一根冰棒棍，去挑桌上的小棍。

（2）介绍游戏规则：

在挑冰棒棍的过程中，不能碰到其他的小棍，如果碰到，游戏结束，轮到下一个小朋友玩游戏。

2. 基本部分

（1）游戏热身。

先让每个幼儿轮流尝试挑冰棒棍的游戏，了解游戏规则。

（2）游戏开始。

①教师拿出纸片，分别编上序号，让幼儿通过抓阄的方式排出先后顺序。

②幼儿轮流挑冰棒棍，被成功挑开的冰棒棍归自己所有。

③在游戏中，教师提醒幼儿注意观察，一定要认真、细心。

（3）游戏结束后，让幼儿数一数自己手中的冰棒棍，评出冠军。

3. 结束活动

教师引导幼儿自由讨论挑冰棒棍的技巧。

●活动延伸

1. 鼓励幼儿向家人分享游戏的快乐。

2. 冰棒棍还有什么新奇的玩法？

16.过山洞

●活动目标

1. 培养幼儿钻、跳、爬等基本技能。

2. 在游戏中学会依次排队等候，知道谦让。

3. 锻炼幼儿的合作意识。

●活动准备

1. 大纸箱若干。

2. 过“山洞”游戏视频。

3. 剪刀、胶带、彩笔等。

●活动过程

1. 播放视频，吸引幼儿的注意力

（1）教师：小朋友们，你们想玩这样的游戏吗？

（2）教师请幼儿合作，一起拿出提前准备好的大纸箱。

（3）引导幼儿讨论：怎么将纸箱变成长长的山洞呢？

2. 基本活动。

（1）教师和幼儿一起制作“山洞”。

①教师和幼儿一起将纸箱的上下面剪掉，用胶带将相邻的纸箱粘在一起，形成一个长长的“山洞”。

②让幼儿排队，一个接一个，不推不挤，不插队。

（2）开始过“山洞”游戏。

教师介绍游戏规则：大家排好队，依次过“山洞”。

（3）变换“山洞”的形状，让幼儿再次体验游戏的快乐。

①引导幼儿可以多设几个“洞口”。

②引导幼儿“山洞”里还可以多开几扇“窗户”。

3. 结束活动

教师播放音乐，让幼儿蹦蹦跳跳地唱歌，一起欢呼起来！

●活动延伸

1. 除了过“山洞”，用纸箱还可以玩什么游戏？

2. 在生活中，引导幼儿喝水、洗手、做游戏时，要学会排队等待。

17.我要当货车司机

●活动目标

1. 发展幼儿肢体的平衡能力。

2. 锻炼幼儿的专注力。

3. 培养幼儿的团队合作精神。

●活动准备

轻便的书本若干。

●活动过程

1. 问题引入，激发幼儿的热情

（1）教师装作发愁的样子问大家：“小朋友们，老师这里有很多书，想请你们帮我运走它们，但前提是不能用手，也不能用脚，你们有什么好的办法吗？”

（2）教师顶着书本走路，示范如何做一名合格的“货车司机”。

2. 基本部分

（1）教师介绍游戏规则：5 人一组，每组各派一个幼儿，头顶着书站在起点线上，由老师发号施令，每组幼儿开始竞走，走

到终点后，赶紧拿着书跑回来，把书传给下一个幼儿。如果中途书本从头上掉下来，要回到起点，重新走。

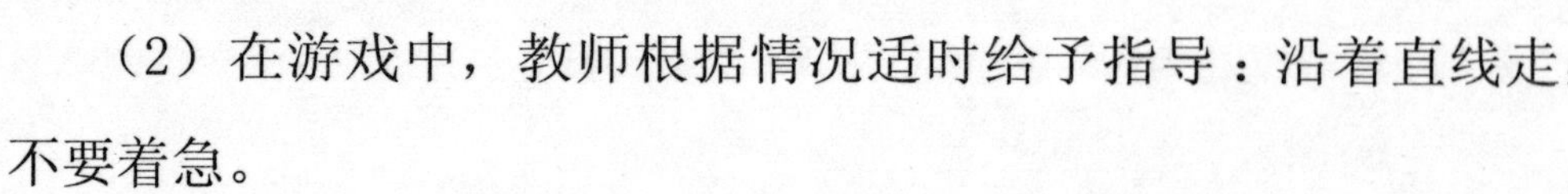

（2）在游戏中，教师根据情况适时给予指导：沿着直线走，不要着急。

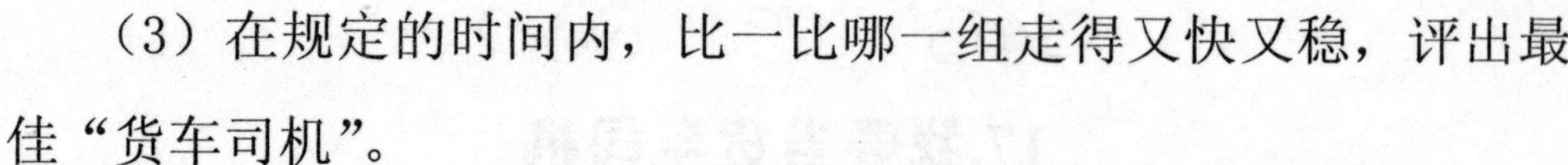

（3）在规定的时间内，比一比哪一组走得又快又稳，评出最佳“货车司机”。

3. 结束活动

请获胜的一组给大家分享不让书本掉下来的经验。

●活动延伸

1. 在游戏中，还可以设置障碍物，增加游戏的难度。

2. 在游戏中，鼓励幼儿用多种物品代替书本。

18.小动物真可爱

●活动目标

1. 锻炼幼儿的观察能力。

2. 培养幼儿的模仿力。

3. 通过游戏，感受小动物的可爱之处。

●活动准备

幼儿自带喜欢的小动物照片 1 张。

●活动过程

1. 出示照片，激发幼儿的兴趣

（1）请幼儿分别出示自己喜欢的小动物照片，并给大家介绍它的名字。

（2）教师鼓励幼儿大胆发言。

2. 基本部分

（1）再次出示小动物照片，引导幼儿模仿小动物的动作和声音。

①教师示范扮演小狗，然后向大家介绍：你们好，我叫小狗，我的本领是看家，我喜欢吃骨头，陌生人来了，我就“汪汪汪”。

②鼓励幼儿大胆进行模仿。

（2）让幼儿自由结合，两两一组，相互模仿对方喜欢的小动物。

①游戏中，可让个别幼儿做“小老师”，要求声音宏亮，吐字清晰。

②尽量照顾到每一个幼儿的情绪，让他们开心地模仿小动物。

3. 结束活动

请幼儿互相交换小动物照片，懂得和大家一起分享快乐。

●活动延伸

1. 回家和父母一起做模仿动物的游戏。

2. 鼓励幼儿多认识一些可爱的小动物，并向大家介绍它的特征。

19.投纸球

●活动目标

1. 锻炼幼儿上、下肢的力量。

2. 在游戏中，体验帮助好朋友的快乐。

3. 培养幼儿的规则意识。

●活动准备

1. 旧报纸若干张、胶带、收纳箱 1 个、鞋盒 4 个。

2. 教师自制纸球模型 1 个。

●活动过程

1. 开始部分

（1）教师用纸球模型玩“投纸球”游戏，引起幼儿的兴趣。

（2）教师示范自制纸球的方法，提醒幼儿仔细观察。

（3）教师引导幼儿讨论：我们该怎么自制纸球？

教师再自制一个纸球，一边制作，一边讲解：将报纸揉成球状，然后用胶带紧紧捆住。

2. 基本部分

（1）引导幼儿自制纸球，让先完成的幼儿指导未完成的幼儿，必要时，教师给予指导。

（2）请幼儿将各自的纸球放进收纳箱里。

（3）教师和幼儿一起将鞋盒粘贴成一个田字格，为下一阶段游戏活动做好准备。

（4）教师指定幼儿规则：5 人一组，每组幼儿用纸球投篮，在规定的时间内，看哪一组投得又快又多。

（5）投纸球比赛。

（6）教师统计各组的成绩，并引导幼儿分享自己的经验。

3. 结束活动

播放优美的音乐，和小朋友们一起做放松运动。

●活动延伸

1. 在户外活动时，可以将纸球当做足球踢。

2. 启发幼儿换不同的方法进行游戏活动。

20.快来捉尾巴

●活动目标

1. 在游戏中，让幼儿正确获得长和短的差异。

2. 培养幼儿的动手能力及追跑能力。

3. 让幼儿在游戏中体验快乐。

●活动准备

1. 废旧报纸若干张。

2. 猴子、猪、猫、兔子等动物的图片。（注：图片上一定要露出动物的尾巴。）

●活动过程

1. 开始部分

（1）在活动场地，教师带领幼儿一起做热身运动。

（2）出示各种动物的图片，并引导幼儿说出它们的相似之处——尾巴。

教师总结：它们有一个最大的相同之处——有尾巴。

（3）教师示范把报纸撕成纸条。

（4）将报纸一一发给每个幼儿，让他们自由撕成条状。

（5）引导幼儿互相比较尾巴的长短。

教师：现在，小动物们都有了一条灵活的尾巴。那我们开始做游戏吧，看谁能保护好自己的尾巴。

2. 基本部分

（1）老师示范游戏。

①引导幼儿把纸条帮他人贴在身后。

②提醒让幼儿保护好自己的尾巴，不要被教师捉到。

③让幼儿讨论怎样才能保护好自己的尾巴，又能想办法捉住别人的尾巴。

（2）游戏规则和技巧。

①只能在规定的区域中“捉尾巴”。

②规则：教师放音乐，音乐响起，每个区域内的幼儿开始追捉尾巴。音乐停止，游戏结束。

③游戏技巧：利用转身、快跑、慢跑、左躲右闪等方法保护自己的尾巴，然后趁对方不注意捉住别人的尾巴。

（3）游戏开始。

①分成 5 人一组，划好区域，让幼儿在一定范围内“捉尾巴”。

②第一轮结束后，让幼儿自由组合，继续玩捉尾巴游戏。

3. 结束活动

（1）数一数自己在这次活动中一共揪下别人几条尾巴。

（2）让幼儿谈谈自己刚才最有趣、最开心的时刻，让幼儿体验游戏带来的快乐。

（3）整理图片，清理活动场地。

●活动延伸

1. 在家中和邻居小伙伴一起玩捉尾巴游戏。

2. 鼓励幼儿用其他的废旧材料自制尾巴，并在游戏中探索新的玩法。

21.小松鼠运果子

●活动目标

1. 模仿小松鼠蹦蹦跳跳的样子，促进幼儿腿部肌肉的发育。

2. 在游戏中，让小朋友们感受团队合作的快乐。

3. 增强幼儿的动手能力。

●活动准备

1. 热身音乐，广告纸、当做果子的报纸球若干。

2. 自制与幼儿数量一样的小松鼠胸饰。

3. 固体胶、剪刀、笑脸粘贴等。

●活动过程

1. 开始部分

（1）在音乐的伴奏下，教师带领幼儿来到活动场地，引导幼儿模仿小松鼠的动作，活动起来。

2. 基本部分

（1）故事引入。

教师：寒冷的冬天就要到来了，小松鼠们在森林里采集了很多过冬的果子，大家能帮它们运回家吗？

（2）自制运送果子的工具。

引导幼儿用广告纸制作工具，可以运用折叠、剪切、粘贴等多种方法。

（3）小松鼠送果子。

①2 人一组，开始运送果子的游戏。

②提醒幼儿在运松果子的过程中，要相互观察，相互配合。

③教师评选运送果子最多的一组，并给予每人一个笑脸粘贴的奖励。

3. 结束活动

请获胜的幼儿分享运果子的经验和心得。

●活动延伸

1. 除了用广告纸，还有哪些工具可以运送果子？。

2. 在户外活动时，可以训练幼儿模仿松鼠沿着圆圈蹦蹦跳跳。

22.朋友在哪里

●活动目标

1. 培养幼儿积极主动的个性。

2. 体会交到新朋友的快乐心情。

●活动准备

1. 儿歌《找朋友》。

2. 和幼儿数量一致的小动物头饰。

●活动过程

1. 开始部分

（1）播放儿歌《找朋友》，教师和幼儿一起学唱。

（2）在音乐的伴奏下，教师带幼儿做热身运动。

2. 基本部分

（1）开始“找朋友”的游戏。

①教师随机给幼儿佩戴小动物的头饰。

②介绍游戏规则：幼儿围成圆圈，寻找和自己头饰一样的小朋友做朋友。

幼儿找到好朋友之后，先敬礼再握手，问：“你好，你愿意和我做朋友吗？”

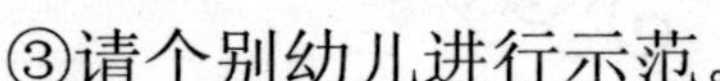

另一个幼儿如果说：“我愿意。”然后和对方拥抱一下，表示交朋友成功。

③请个别幼儿进行示范。

（2）介绍自己的好朋友。

①请幼儿给大家介绍自己的好朋友是谁，穿什么颜色的衣服？是男孩还是女孩？

②鼓励幼儿介绍自己的好朋友。

3. 结束活动

数一数，看谁交的朋友最多，请自己的朋友聚到一起唱儿歌《找朋友》。

●活动延伸

1. 回到家，和父母说一下自己有多少好朋友，他们都是谁。

2. 画出自己交到好朋友时的表情。

23.老鹰抓小鸡

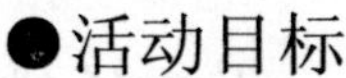

●活动目标

1. 提高幼儿克服困难的意识。

2. 体验与同伴一起玩耍的乐趣。

3. 发展幼儿身体动作的灵敏性和协调性。

●活动准备

1. 老鹰和小鸡头饰若干。

2. 报纸若干张。

3. 快节奏音乐和慢节奏音乐。

●活动过程

1. 开始部分，热身运动

（1）带领幼儿一起来到游戏活动场地，做热身运动。

（2）播放快节奏音乐，请幼儿跟着做跑的动作；播放慢节奏音乐，请幼儿做走的动作。

2. 基本部分

（1）故事情景导入。

①教师：一只老母鸡正带着一群小鸡散步，突然，一只老鹰

飞了过来，母鸡妈妈该怎么办呢？

②引发幼儿大胆地猜想，帮助母鸡妈妈想办法。

(2) 开始“老鹰抓小鸡”的游戏。

① 2 人一组，同时双脚站在报纸上报纸代表家。

教师旁白：聪明的小鸡都藏在了家里，不敢出来。

②播放节奏慢的音乐，小鸡们渐渐出来找东西吃，老鹰正在附近走来走去。

③播放节奏快的音乐，老鹰开始快速抓小鸡，小鸡纷纷跑回家里。这时候，幼儿的双脚必须站在报纸上。

④根据幼儿的具体情况需要逐步增加难度。

3. 结束活动

引导幼儿互相拥抱，感受游戏的快乐。

●活动延伸

1. 鼓励幼儿练习多人站在一张报纸上。

2. 可以在家和父母一起做踩报纸的游戏。

24.开心的小兔子

●活动目标

1. 提高幼儿动作的协调性和灵活性。

2. 发展幼儿跳跃的能力。

3. 学会探究问题，体验合作的乐趣。

●活动准备

1. 小兔子头饰若干。

2. 幼儿坐垫若干。

3. 自制一片农场，萝卜卡片若干。

●活动场地

室外

●活动过程

1. 设计情景，激发幼儿参与游戏活动的兴趣

（1）教师给每个幼儿戴上小兔子头饰。

教师：小兔子们，我是兔妈妈，我们一起去农场里拔萝卜吃吧？

（2）带着幼儿拿着自己的坐垫进入活动场地，在音乐的伴奏下，大家开始做热身运动。

2. 基本部分

（1）设计去农场路线。

①将幼儿分成3组，分别站在场地的不同地方。

②请各组幼儿用地垫按顺序分别铺设小溪、隧道、小山和农场的路面。

（2）翻过一座山去拔萝卜。

①教师在小山的另一面，放置一块农场，上面种满了萝卜。

②介绍游戏规则：要想得到萝卜，必须要跨过一条小溪，跑过一个隧道，再翻过一座小山，到达小山后面的农场后，要蹦着

才能拔到萝卜。

③教师示范整个拔萝卜的过程：过小溪时要走，钻隧道时要跑，翻小山时要爬，到达农场时要蹦。

④请三名幼儿给大家做示范。

3. 结束活动

小兔子们一起分享新鲜美味的萝卜，他们开心极了。

●活动延伸

1. 引导幼儿用地垫做各种好玩的游戏。

2. 和小伙伴们一起做“小兔子拔萝卜”的游戏。

25.看谁走得快

●活动目标

1. 模仿小动物走路的样子，增强幼儿上、下肢的力量。

2. 感受游戏带来的快乐。

●活动准备

山羊、猫咪、猴子等动物的头饰。

●活动过程

1. 开始部分

（1）组织幼儿来到游戏活动场地，和教师一起做热身运动。

（2）带着幼儿学小兔子跳、小鸟飞等动作，让气氛活跃起来。

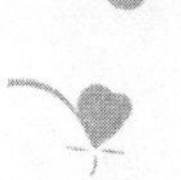

2. 基本部分

（1）初步学习基本动作。

①将幼儿分成3组，分别戴上山羊、猫咪、猴子等动物的头饰。

②教师示范小动物的走路姿势，鼓励幼儿积极学习。

③请幼儿示范小动物的走路姿势。

（2）开始游戏。

①教师介绍游戏规则：每组幼儿站在指定的赛道上，听老师口令，最先到达的一组获胜。

②游戏中，对于动作不规范的幼儿，教师给予指导。

3. 结束活动

集体交流活动经验，分享集体活动的快乐。

●活动延伸

1. 比较人类和动物的走路姿势有什么不同。

2. 启发幼儿换不同的角色进行游戏活动。

第五章

安全知识

1.不玩危险的物品

●活动目标

1. 知道生活中不能玩危险的物品。

2. 懂得危险物品的危险性。

3. 初步培养幼儿的自我保护意识。

●活动准备

1. 剪刀、刀片、树枝等图片。

2. 幼儿受伤的图片若干张。

3. 玩剪刀、拿着树枝打闹等图片若干张。

4. 剪刀、刀片等危险物品各 1 个。

●活动过程

1. 出示图片，导入课题

（1）出示幼儿受伤的图片，引导幼儿观察并讨论：图片中的小朋友怎么了？

（2）引导幼儿回忆：你有做过类似的经历吗？

2. 联系生活，组织讨论

（1）和幼儿一起认识危险物品。

①讨论：你们还见过哪些危险物品？

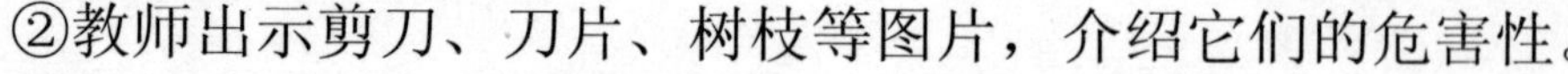

②教师出示剪刀、刀片、树枝等图片，介绍它们的危害性。

（2）引导幼儿远离危险物品。

①教师出示玩剪刀、拿着树枝打闹等图片。

②让幼儿讨论：他们的做法对吗？为什么？

教师：危险物品有可能伤害我们的身体，严重时，还会危害到我们的生命，所以，我们不能玩危险物品。

（3）游戏环节，安全知识应用。

①组织幼儿练习互相传递剪刀、刀片等危险物品。

②教师提醒幼儿注意安全，必要时给予指导。

3. 结束活动

引导幼儿想一想我们应该如何安全使用危险物品。

●活动延伸

1. 在家里，引导幼儿找一找有哪些危险的物品。

2. 在生活中，不要随便拿危险物品，更不能拿着玩闹。

3. 请家长给予配合，监督幼儿正确安全地使用危险物品，懂得保护自己。

2.我要当交通警察

●活动目标

1. 初步了解一些交通规则。

2. 培养从小遵守交通规则的好习惯。

3. 体验游戏的快乐。

●活动准备

1. 红、绿灯标志各1个。

2. 自制汽车方向盘若干。

3. 设置斑马线的场景。

●活动过程

1. 准备活动

（1）教师带领幼儿进入活动场地，进行热身运动（伸手、弯腰、踢腿等）。

（2）引导幼儿回忆自己过马路的情景，自然引出“交通警察”的课题。

2. 认识红绿灯，了解交通规则

（1）出示红、绿灯标志，让幼儿认识红绿灯。

（2）让幼儿知道“红灯停、绿灯行”“黄灯亮了等一等”的

交通规则。

3. 基本部分

（1）请一名幼儿扮演交通警察。

（2）介绍游戏规则：当大家过马路的时候，注意观察交通警察举起的标志。当他举起红灯时，行人停止行走；当他举起绿灯时，行人继续行走。

（3）开始游戏。

游戏中，教师提醒大家观察小交警举起的卡片，然后做出正确的动作。

4. 结束活动

和幼儿一起唱《交通安全歌》，提醒大家遵守交通规则。

●活动延伸

1. 过马路时，引导幼儿遵守交通规则。

2. 鼓励幼儿了解更多的安全标志。

3. 沙子飞进眼睛，怎么办

●活动目标

1. 让幼儿学会保护自己的身体。

2. 知道沙子进眼里后，简单的处理方法。

●活动准备

沙子飞进眼睛的视频。

●活动过程

1. 播放视频，吸引幼儿的注意力

（1）教师提问：视频中，小朋友多多的眼睛怎么了？

（2）启发幼儿回忆，自己有没有遇到过这种情况？

2. 基本部分

（1）引导幼儿讨论：刮风的时候，一不留神就会有小沙子飞进我们的眼睛里，这时候，你会怎么办呢？

（2）教师引导幼儿讨论：小沙子进眼睛里了，可以用手使劲揉吗？

教师总结：不能使劲揉眼睛，因为眼睛里的眼角膜很薄，它可禁不起使劲揉搓。

（3）教师引导幼儿讨论：小沙子进眼睛里了，可以向大人求助吗？

教师总结：可以向大人求助，请他帮忙把小沙子从眼睛里取出来。

（4）教师引导幼儿讨论：小沙子进眼睛里了，可以滴眼药水吗？

教师总结：可以滴眼药水。将眼药水滴进眼睛后，然后不停地眨眼睛，让小沙子随着眼药水和眼泪，从眼睛里流出来。

3. 结束活动

引导幼儿注意保护自己眼睛。

●活动延伸

帮助幼儿认识到身体的每个部位都很重要，我们一定要爱惜它。

4. 太烫啦

●活动目标

1. 培养幼儿懂得保护身体的好习惯。

2. 学习一些预防烫伤的方法。

●活动准备

1. 生活中幼儿被烫伤的视频。

2. 酒精、棉球等急救用品。

●活动过程

1. 播放视频，引入课题

（1）视频结束后，请幼儿讨论，什么时候最容易被烫伤？

教师总结：在喝热水、端热饭、拿热水杯的时候。

（2）引导幼儿回忆，自己或者见过别人有否被烫伤的经历？当时怎么处理的？

2. 基本部分

（1）教师示范，如果轻度被烫伤，应该怎么处理？

①用冷水冲烫伤部位。

②如果烫伤部位有水泡，千万不要把水泡弄破，要用消过毒的酒精棉球擦拭伤口的周围，然后将烫伤药小心地涂在伤口上。

③赶紧给爸爸妈妈打电话，请他们带自己去医院处理伤口。

（2）组织幼儿演示轻度烫伤的处理方法。

3. 结束活动

播放轻松愉快的音乐，缓解紧张的氛围。

●活动延伸

1. 提醒幼儿自己做不了的事情，要请大人帮忙。

2. 引导幼儿做事情时，不要着急，要慢慢来。

5.手指好疼

●活动目标

1. 知道一些简单的急救方法。

2. 爱护自己的双手，不玩尖锐的东西。

●活动准备

1. 手指被划伤的故事。

2. 剪刀、壁纸刀、铁钉、镊子等尖锐的物品。

●活动过程

1. 讲故事，引入课题

（1）教师：妮妮小朋友刚上幼儿园，一天，她学着用小刀削

铅笔，突然，她大声喊道："哎呀！疼死我啦！"

东东一看，妮妮手指流出好多鲜血。

（2）教师启发讨论：妮妮怎么了？你有过这样的经历吗？

2. 基本部分

（1）引导幼儿讨论:生活中，哪些物品容易划伤我们的小手？

教师总结并出示尖锐的物品：剪刀、壁纸刀、铁钉、镊子等。

（2）引导幼儿自由讨论；如何才能避免小手被划伤？

①做手工的时候，学会正确使用小剪刀、壁纸刀等物品。

②生活中，不随便玩尖锐的物品。

（3）教师：如果我们的小手不小心被划破了，我们该怎么办呢？

教师总结：

①要先清洗伤口，然后用碘伏等药品进行消毒。

②在伤口处涂上防止感染的药膏。

③如果伤口流血严重的话，要及时找医生处理。

3. 结束活动

引导幼儿要保护好自己的小手。

●活动延伸

1. 提醒幼儿包扎后的小手不能碰水。

2. 让幼儿意识到小手的重要性，知道如何保护它。

6.不好，流鼻血了

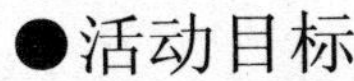

●活动目标

1. 流鼻血后，知道采取一些简单的急救知识。

2. 知道如何去帮助别人。

●活动准备

幼儿流鼻血的图片若干。

●活动过程

1. 开始部分，观察图片

（1）教师：这些小朋友都怎么啦？

（2）启发幼儿回忆，说一说自己有没有遇到过类似的情况。

2. 基本部分

（1）引导幼儿讨论：为什么会流鼻血？

教师总结：原因很多，比如上火、抠鼻孔或者不小心伤到鼻子。

（2）和幼儿讨论：万一流鼻血怎么办？

教师总结：

①不要慌张，将头稍微低下去，用手指紧压鼻子内侧，用嘴呼吸。

②如果两个鼻孔都流血，请举起双手，这是一个可以快速止

血的方法。

③快速地找到老师或家长，请他们来帮助小朋友进行处理。

④如果情况严重，立刻去医院，请医生帮忙处理。

（3）教师示范正确的处理方法，并请幼儿分组演示。

3. 结束活动

提醒幼儿，大家在一起活动时，要注意安全，不要随意碰撞他人。

●活动延伸

1. 幼儿回家和父母分享流鼻血自救的方法。

2. 流鼻血后，将头向后仰容易导致鼻血流进喉咙，因此是一种错误的方法。

7.手指好疼

●活动目标

1. 木刺扎进手指后，知道如何处理。

2. 培养幼儿沉着冷静的态度。

●活动准备

木刺扎进手指的视频。

●活动过程

1. 播放视频，引出课题

（1）教师：视频中，发生了什么事情？

（2）启发幼儿回忆：你的手指被木刺扎过吗？

2. 基本部分

（1）引导幼儿讨论：如果遇到木刺扎进手指，你会怎么处理？

（2）教师给幼儿传授相关的急救措施 。

①要镇定，不要慌张。

②清洗伤口，可以用消过毒的镊子或针将木刺从肉里拔出来。

③木刺拔出来后，如果肉里有瘀血，请用手指轻轻按压伤口，将瘀血挤出来。

④再涂上防止感染的药水，最后用纱布包扎一下。

（3）教师请幼儿分组演示急救办法。

3. 结束活动

提醒幼儿，如果不能及时将木刺拔出来，去医院请医生帮忙处理。

●活动延伸

1. 鼓励幼儿通过多渠道学习医疗自救知识。

2. 鼓励幼儿用自己学到的知识去帮助他人。

8.对陌生人说“不”

●活动目标

1. 让幼儿了解如何应对陌生人。

2. 提高幼儿的自我保护意识。

●活动准备

安全知识故事1篇。

●活动过程

1. 情景模拟

（1）引导幼儿讨论话题。

教师讲故事：星期六上午，爸爸妈妈出去办事，只留下乐乐一个人在家看漫画书。当乐乐看得正高兴时，门铃突然响了，乐乐从猫眼里往外一看，门外站着一个陌生的男人。

（2）教师引导幼儿讨论：如果你遇到这种情况，你会怎么办？

教师总结：

①不要随便给陌生人开门，请在室内将门反锁。

②如果陌生人说自己是爸爸妈妈的朋友，不要轻易相信他。

③如果陌生人没有离开的意思，请立刻给爸爸妈妈打电话，或拨打报警电话110，请警察叔叔来帮忙。

（3）初步培养幼儿的自我保护意识，让幼儿知道不能跟陌生人走。

2. 基本活动

（1）请幼儿进行分组表演，如何拒绝陌生人，如何对陌生人说“不”。

（2）通过情境活动，让幼儿知道不要轻信陌生人的话，不要跟陌生人走，不要收陌生人的任何礼物。

3. 结束活动

引导幼儿多了解一些求救的方法。

●活动延伸

1. 在家中，父母多引导幼儿不要轻易相信陌生人。

2. 对陌生人要有防备意识。

9.我会乘坐电梯

●活动目标

1. 初步了解乘坐电梯的安全知识。

2. 遵守公共规则，有序地乘坐电梯。

3. 愿意和同伴分享自己的经验。

●活动准备

1. 自制电梯按钮图标。

2. 用一张报纸代表电梯。

●活动过程

1. 通过谈话，引入主题

教师：小朋友们，你们喜欢乘坐电梯吗？乘电梯时会有什么感觉？

2. 基本部分

（1）情景表演，增加幼儿的安全意识。

①几个幼儿你争我抢地走进了电梯。

②其中一个幼儿乱按电梯按钮。

③电梯突然停住不动了。

（2）引导幼儿讨论。

①小朋友们乘坐电梯时，有哪些不对的做法？

②遇到这种情况，我们应该怎么办？

（3）教师总结：

①乘坐电梯时，要有序地排队进电梯，不要争抢。

②乘坐上下电梯时，要保持安静，不要随意走动，更不要乱按电梯按钮。

③如果遇到电梯不动了，首先不要惊慌，立刻按下电梯里的报警按钮。

④如果感觉电梯外面有人经过，使出全身力气呼救，或敲打

电梯厢壁，引起他人的注意。

3. 结束活动

请幼儿分享自己乘坐电梯时的经验。

●活动延伸

1. 引导幼儿思考：电梯里遇到坏人怎么办？

2. 在家中，鼓励幼儿和父母一起学习关于电梯的安全知识。

10. 可怕的火灾

●活动目标

1. 初步了解简单的消防知识。

2. 学习火场自救的方法。

3. 幼儿知道不能玩火。

●活动准备

1. 消防演习视频。

2. 火灾视频

●活动过程

1. 播放视频，引出课题

播放消防演习视频，引导幼儿讨论：视频中发生了什么事情？

2. 基本知识

（1）播放火灾的视频，引导幼儿了解火灾产生的后果。

（2）引导幼儿讨论：假如我们碰到火灾了，我们怎么做呢？

教师总结逃生办法：

①拨打火警电话 119，说清楚失火的详细地址。

②如果火势较大，用湿毛巾或湿布捂住嘴巴和鼻子，弯腰摸墙撤离。

③楼房发生火灾时，不要乘坐电梯，要走安全出口。

（3）组织游戏，巩固自救方法。

①将幼儿分成 5 人一组。

②每组第一名幼儿迅速跑到毛巾处，拿起一条毛巾，跑到水龙头前，把毛巾沾湿，赶紧捂住嘴巴和鼻子，弯腰摸墙撤离。

③第一名幼儿到达终点后，下一名幼儿再开始游戏。

3. 结束活动

请幼儿总结自己的逃生经验。

●活动延伸

1. 开展消防演习活动。

2. 让幼儿知道急救电话，报警电话 110，火警电话 119，急救电话 120 等。

3. 提醒幼儿遇到紧急情况时，知道拨打急救电话。

11.玩火危险

●活动目标

1. 增强自我保护意识。

2. 锻炼幼儿遇事不慌的精神。

3. 学习简单的自救方法。

●活动准备

1. 自制火苗头饰若干。

2. 小鼓 1 个。

●活动过程

1. 情景演示

（1）和幼儿一起唱《防火儿歌》。

（2）教师引导幼儿说一说：遇到衣服着火怎么办？

教师总结：

①不要惊慌，迅速将衣服脱下来，放进有水的盆里。

②也可以立即到没有火的地方，躺在地上打滚。

2. 基本部分

（1）情景表演。

①请幼儿围成一圈，给其中几名幼儿戴上火苗头饰。

②教师开始击鼓，戴头饰的幼儿开始沿着圈外走。

③鼓声停止，戴头饰的幼儿迅速抱住圈上任意一名幼儿，把火苗头饰送给他，代表他的衣服“着火了”。

④“着火”的幼儿想办法自救，如脱掉外套、就地打滚等，然后走到圈外，重复进行游戏。

（2）引导幼儿讨论：火的用途和危害。

教师总结：

①火的用途：我们的生活离不开火，我们可以用它做饭、取暖和照明。

②火的危害：火可以烧伤皮肤、烧毁财物、房屋和森林等。

3. 结束活动

教师和幼儿再次唱《防火儿歌》，加强对防火知识的了解。

●活动延伸

1. 在家中，和父母进行一次消防演习。

2. 向小伙伴们宣传火灾的自救方法。

12.遭遇绑架，怎么办

●活动目标

1. 初步了解被绑架后的自救方法。

2. 提高警惕心理。

3. 加强幼儿的安全意识。

●活动准备

三段儿童遭遇绑架的视频。

●活动过程

1. 播放视频，引起幼儿的兴趣

（1）第一段视频结束后，引导幼儿讨论：视频中发生了什么事情？

教师总结：视频中讲述了一名小朋友被坏人绑架的事情。

（2）教师让幼儿自由讨论：如果遇到类似的情况，我们应该怎么办呢？

2. 基本部分

围绕视频内容进行提问和讨论。

（1）播放第二段视频。

教师：视频中，小朋友和妈妈在商场走失了，当坏人要将小朋友抱走时，小朋友是怎么做的？

教师总结：在商场或超市等地方遭到坏人绑架时，要大喊"救命"，并拼命往人多的地方跑。

（2）播放第三段视频。

教师：视频中，小朋友被坏人抓上车了，这个小朋友是怎么做的呢？

教师总结：万一被坏人抓上车，要保持冷静，不要大喊大闹，以免激怒坏人。这时候，要寻找机会逃脱，如果逃脱失败，也不要和他们搏斗，尽量留下自己的物品，方便父母和警察来救我们。

3. 结束活动

让幼儿自由阅读绘本，和旁边的幼儿讲一讲被绑架时自救的方法。

●活动延伸

1. 如果遭遇被绑架的事情，学会运用我们所学的知识及自己的智慧保护自己和解救自己。

2. 让幼儿玩“警察和绑匪”的游戏，从游戏中学会如何保护自己不受伤害。

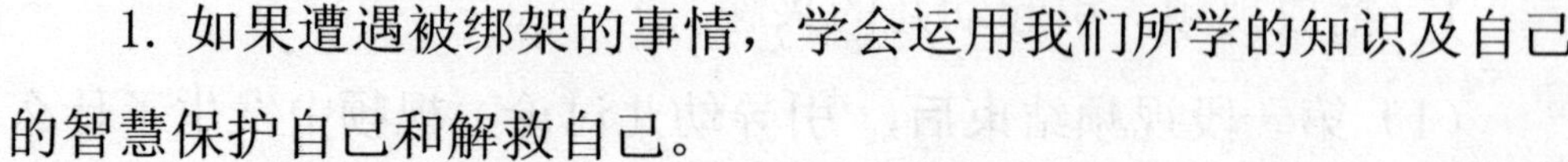

13.乱吃东西危害大

●活动目标

1. 了解乱吃东西的危害性。

2. 让幼儿知道饮食安全的重要性。

3. 增强幼儿的自我保护意识。

●活动准备

1. 幼儿乱吃东西的图片 3 张。

2. 神秘口袋 1 个，食物卡片若干张。

●活动过程

1. 出示图片

（1）看图片，讨论问题。

①幼儿将糖果纸、瓜子皮等东西放进嘴里。

②幼儿吃饭时，嘴里含着食物到处乱跑。

③幼儿的小手脏兮兮的，抓起一块面包就吃。

（2）教师：这些小朋友的做法对吗？为什么？

教师总结：我们吃东西时，一定要注意安全和卫生，如果吃了不卫生、不干净的东西，细菌就会进入我们的体内，我们就会出现拉肚子、食物中毒等症状，严重时，我们的生命还会受到威胁。

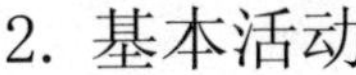

2. 基本活动

（1）神秘的魔术师。

请一名幼儿拿着一个神秘的口袋，请其他幼儿从口袋中拿出一张卡片，请幼儿说说卡片上的食物可以吃吗？

（2）幼儿在说明每张卡片之后，教师可以有选择地进行小结或补充，加强幼儿自我保护意识。

3. 结束活动

和幼儿一起唱《拍手歌》，巩固安全知识。

●活动延伸

1. 教师和家长配合，共同教育幼儿不乱吃东西。

2. 让幼儿一起观看真实案例“卡在喉咙里的硬币”，让幼儿知道乱吃东西的危害性。

结语

游戏在幼儿发展与教育领域中具有重要的意义，它是幼儿最基本的活动方式，是幼儿学习的有效方法，同时也是幼儿获得发展的最佳途径。

在幼儿的一日生活中，游戏也是幼儿最为喜欢，最能够接受的一种方式。

近年来人们十分重视教育观、儿童观的转变，并且更加重视发挥游戏在促进幼儿全面发展中的独特教育作用。

通过教师与幼儿做游戏的方式，可以激发幼儿的想象力，促进幼儿的观察力，让幼儿在游戏中生动活泼、积极主动地学习与发展。

本书从社会实践、生活认知、语言艺术、体育活动、安全知识等五个方面，介绍了适合教师与幼儿互动的游戏，并阐述了各种游戏需要注意的事项，同时例举了90个适合教师与幼儿一起玩的游戏，让教师有针对性地选择游戏，促进幼儿身心发展，做好幼儿心智的开发。